应对气候变化的（　　　　　　书

博

城市绿色基础设施
理论方法与设计实践

栾博　周文君　王鑫　丁戎　著

中国建筑工业出版社

图书在版编目（CIP）数据

城市绿色基础设施理论方法与设计实践 / 栾博等著
. —北京：中国建筑工业出版社，2024.1
（应对气候变化的低碳韧性景观研究与实践丛书/
栾博主编）
ISBN 978-7-112-29450-3

Ⅰ.①城… Ⅱ.①栾… Ⅲ.①生态城市—城市规划—
研究②城市—基础设施建设—研究 Ⅳ.①TU984

中国国家版本馆CIP数据核字（2023）第244497号

责任编辑：黄　翊　徐　冉
文字编辑：郑诗茵
责任校对：赵　力

应对气候变化的低碳韧性景观研究与实践丛书
丛书主编　栾博
城市绿色基础设施理论方法与设计实践
栾博　周文君　王鑫　丁戎　著

＊

中国建筑工业出版社出版、发行（北京海淀三里河路9号）
各地新华书店、建筑书店经销
北京锋尚制版有限公司制版
北京中科印刷有限公司印刷

＊

开本：787毫米×1092毫米　1/16　印张：15　字数：294千字
2024年2月第一版　　2024年2月第一次印刷
定价：**118.00**元
ISBN 978-7-112-29450-3
（42194）

丛书编委会

主　编：栾　博

编　委：（排名以姓氏拼音为序）

　　　　程仁武　郭　湧　姜　斌　林广思　王志芳

　　　　王忠杰　俞　露　赵　晶　祝明建

丛书序一

21世纪以来，应对气候变化成为当前全球面临的时代主题，如何减排降碳和适应气候影响成为各国科学家和政府的关注焦点。城市是人类社会经济活动的高密度聚集地，受气候变化影响显著，更是化石能源的主要消费端。20世纪90年代以来，我国城镇化快速发展，大幅改善了人居环境质量，但灰色基础设施主导的粗放式城市建设对生态环境破坏巨大，城市高碳化、脆弱性特征明显。

景观绿化是城市人工生态系统的重要组成，是提供多种生态系统服务的绿色基础设施，在固碳增汇和增强城市韧性方面作用显著。目前，一些城市景观成为美化、亮化工程的代名词，不仅生态功能不强，反而高耗能、高排放，增加环境资源负担。如何高质量建设低碳化、绿色化景观，是支撑城市生态建设的一项重要任务。

我从20世纪70年代开始从事环境科学的教学科研工作，推动了我国环境科学的创建和发展，经历了我国环境问题的发生、发展和演变。随着20世纪90年代我国城镇化进程加速，人居环境问题愈发突出。2012年以来，我国全方位推进生态文明建设，我欣喜地看到我国生态环境保护和人居环境建设发生了历史性、转折性、全局性变化。未来，我国在推进人与自然和谐共生的中国式现代化过程中，美丽中国建设将迎来更多机遇与挑战。

栾博是我的博士研究生，2010年起主要负责了中国工程院重大咨询项目"中国特色城镇化发展战略研究"中的城市生态建设专项，之后以《绿色基础设施协同效应》为题顺利完成了博士论文。栾博长期专注绿色基础设施理论研究与设计实践，以环境学和景观学相结合的方式积累了优秀而丰富的成果，屡次在国际和国内景观设计领域获得认可。当前，我国生态文明建设仍处于关键期，参与全球环境治理更需要积极作为。应对气候变化的低碳、韧性可持续发展是我国新时代面临的一项重要课题。"应对气候变化的低碳韧性景观研究与实践丛书"形成了一套理论方法和实证案例相结合的探索性成果，兼具学术价值与现实意义。栾博将多年积累付之本套丛书的编著工作，希望丛书的出版能为我国人居环境领域的学者专家和政府决策部门提供有益参考。若能在应对气候变化的景观设计理论、技术与方法上作出一点创新贡献，将是对他多年付出的最大鼓励。

唐孝炎

中国工程院院士

北京大学环境科学与工程学院教授

2024年2月1日

丛书序二

　　工业革命以来，地球表面发生了深刻改变，工业化和城镇化进程不仅对生物圈和生态系统产生了巨大的影响，也极大地改变了全球气候。进入21世纪，世界范围内的城市人口集聚，使人居环境在气候变化和不确定性影响中愈发显得脆弱和敏感，高温、洪涝、传染病等突发情况不断发生。这些现象在我国城市快速发展的几十年中显得尤为突出和严峻。

　　为了应对这些挑战，全世界都在积极寻求新的解决方案。基于自然的解决方案（Nature-based Solutions）强调将自然作为基础设施，利用自然的力量应对气候变化及复杂性挑战，因其相比传统工程措施更具多目标、低成本、高成效的优势而备受关注。基于自然的解决方案技术体系庞大而综合，需要生态、环境、景观、规划等专业更多实证研究的支撑，也亟待各国政府努力推动技术实践。近十年来，我国生态文明和美丽中国建设取得了积极进展，缓解和适应气候变化的"双碳"政策相继出台，推进了山水林田湖草沙一体化保护和修复、气候适应型城市、海绵城市、"城市双修"等一系列生态修复行动，为发展基于自然的解决方案贡献出宝贵的中国经验。

　　当下，我国国土空间保护和利用"三区三线"格局基本确立，城市建设正从粗放式增量扩张迈向精细化存量增效的高质量发展阶段，绿色、韧性、低碳发展成为主题。城市中由自然生命体构成的景观是城市的绿色基础设施，是基于自然的解决方案在城市尺度的主要载体。

　　在新的时代背景下，宏观尺度上对景观格局的保护控制已基本确立，而格局内部资源要素的优化配置和提质增效成为重中之重。如何促进城市自然系统更具韧性以帮助城市有效应对各类不确定性扰动和压力，如何提升景观在全周期过程中减排、降碳和增汇能力，如何通过设计和管理实现人与自然和谐共生的现代化，是未来一个时期景观设计学及相关专业面临的首要任务。

　　欣闻栾博主编的"应对气候变化的低碳韧性景观研究与实践丛书"付梓出版，正是应对这些问题的有益探索。该丛书以应对气候变化为切入点，以低碳韧性景观设计为方法论，涵盖绿色基础设施、环境健康、智慧化景观等领域理论方法与研究实践。栾博博士是20年前我在北京大学建筑与景观设计学院培养的第一批景观设计学硕士研究生，又在土人设计（Turenscape）实践多年，长期从事绿色基础设施与韧性景观的科研、咨询与设计工作，取得了丰富成果。本套丛书凝聚了栾博多年的思考与积累，兼具前瞻性、时效性和实用性，希望可以为美丽中国建设提供有益借鉴，也为全球环境治理贡献中国经验。

俞孔坚

北京大学建筑与景观设计学院教授

美国艺术与科学院院士

2024年2月20日

目录

第九章
社区共建花园与参与共享景观　157

第十章
生态游憩与郊野自然体验　173

第十一章
碳中和与全周期智慧化管理　　　　　　　193

第一章

绪论

1.1 背景与问题

1.1.1 气候变化导致极端灾害风险加剧，国家积极制定应对政策

全球气候变化已带来了规模空前的影响，天气模式的改变导致一系列的风险持续增加，暴雨、台风、洪涝等极端天气频发。自1950年以来，全球范围内已观测到诸多极端天气和气候对城市基础设施和居民点产生了巨大影响（IPCC，2014）。未来，强降雨、干旱、高温等极端天气仍将大概率增加，而工业革命以来的人类活动及温室气体排放已被确认是导致全球变暖的主因（IPCC，2021）。在极端天气面前，以城市为代表的人类社会系统的脆弱性凸显，海岸带城市群遭受气候变化的影响尤为严重（Ng et al.，2018；戴伟 等，2017）。1980~2021年，中国沿海海平面上升速率为3.4mm/a，高于同期全球水平[①]。海平面升高加剧台风风暴潮的致灾程度，2018年我国沿海共发生蓝色及以上预警级别的风暴潮16次，造成直接经济损失44.56亿元[②]。在全球许多沿海地区，重现期50年一遇的洪水发生率已经上升，如果未来海平面上升0.5m，将会导致许多地方的洪水发生率进一步增加10倍到100倍（IPCC，2014）。预计到2100年，全球海平面将可能上升28~101cm（IPCC，2021）。

气候变化无疑增加了未来城市和社会发展面临的不确定性。以减排增汇为主的减缓策略和以提高韧性为主的适应策略是应对气候变化的主要途径。我国政府高度重视气候变化问题，积极制定政策并采取行动。2020年9月，习近平总书记在第75届联合国大会上宣布了中国实现碳达峰、碳中和的战略目标。2022年10月16日，党的二十大报告指出促进人与自然和谐共生是中国式现代化的本质要求之一，明确提出"协同推进降碳、减污、扩绿、增长"的生态优先、绿色低碳的发展要求。气候响应与环境治理协同的相关政策相继出台：2021年1月，生态环境部发布《关于统筹和加强应对气候变化与生态环境保护相关工作的指导意见》，确立以"双碳"目标为牵引，统筹融合气候变化与生态环境保护工作的基本路径；2022年6月，《住房和城乡建设部 国家发展改革委关于印发城乡建设领域碳达峰实施方案的通知》中，针对城市绿色空间提出加强绿色廊道、滨水空间的固碳增汇要求，以及留足城市河湖生态空间和防洪排涝空间灾害适应的要求。

---

① 数据来源：2022年《中国海洋灾害公报》。

② 数据来源：2018年《中国海洋灾害公报》。

1.1.2 依赖灰色基础设施使城市脆弱性加剧，基于自然的韧性城市建设渐成共识

城市是人口聚集与社会经济发达的复杂系统。当前，全球城市化进程不断推进，预计到2050年，全球城市化率将达68%。改革开放以来，我国城市建设速度空前，1978~2021年我国城镇化率从17.9%增长到64.72%，年均增长1.08%，城镇常住人口从1.72亿增加至9.14亿，城市数量从193个增加至691个。全国城市建成区面积从0.74万km²（1981年）增加到6.24万km²（2021年）[①]。我国城市发展建设取得了举世瞩目的成就，城市公共服务水平不断提升，城市居民生活质量显著改善。

然而，在外部不确定性和内生不可预测性不断增加的趋势下，建立在工程学基础上的刚性城镇化和城市建设模式也显露出诸多不适（Batty，2008），城市脆弱性与无序性日渐显著。一方面，城市发展不断失控于人口集聚、经济增长、土地扩张等内生的不可预测需求；另一方面，城市长期受制于气候变化、环境污染、资源短缺、生态退化等累积性外部压力，并且经常失效于极端自然灾害等突发性外界扰动。特别是城市建设过度依赖灰色基础设施，造成了城市水文失调、生态退化、生物多样性下降、热岛效应等问题，进一步加剧了城市脆弱性（Eckart et al.，2017；Vogel et al.，2015）。工程化的灰色基础设施能够发挥单一功能、达成单一目标，却难以实现多目标的综合效益（林伟斌 等，2019；翟俊，2012）。例如，不透水硬质地表和雨水工程以集中快速排水为目标，管网排水过程累积了城市面源污染和地表径流总量，增加了污染负荷和洪峰压力。传统河道防洪工程则以防洪安全为目的，刚性的硬化护岸、裁弯取直的工程降低了生态适应性，累积了洪灾压力和风险。

增强城市韧性已逐渐成为全球共识。联合国通过《2030年可持续发展议程》，其中目标11中明确提出"建设包容、安全、有抵御灾害能力和可持续的城市和人类住区"；2016年，第三届联合国住房和城市可持续发展大会（简称"人居三"）发布《新城市议程》，提出将提升韧性作为实现全球城市可持续性的必要路径。2021年3月，《中华人民共和国国民经济和社会发展第十四个五年规划和2035年远景目标纲要》中提出要建设宜居、创新、智慧、绿色、人文、韧性城市。2022年，党的二十大报告要求"加强城市基础设施建设，打造宜居、韧性、智慧城市"。基于自然的解决方案（Nature-based Solutions，以下简称NbS）指的是通过保护、修复和管理自然生态系统实现城市韧性提升的有效途径。城市绿色

---

① 数据来源：2021年《中国城市建设统计年鉴》。

基础设施是NbS在城市尺度下的主要结构性措施，是城市刚性物理空间中天然的柔性缓冲器，对于构建韧性城市具有关键作用（Luan et al.，2020）。不同于单目标的灰色基础设施，绿色基础设施能够提供全面的生态系统服务，具有包括提升韧性、降低环境污染、恢复生物多样性、增加社会和文化价值等多元目标与多重功能（Albert et al.，2017；栾博 等，2017a；Elmqvist et al.，2015）。不同于确定性控制的城市刚性建筑工程系统，绿色基础设施是以自然生命要素为主体的城市自然—人工复合生态系统，自适应性和自组织性是其吸收、适应外部不确定性扰动，并从中学习、演进的基础条件。世界很多国家政府和组织已认识到推进绿色基础设施建设的必要性，并采取了积极行动。我国当前已开展了大量相关行动与实践，如推广"生态修复、城市修补"（简称"双修"）工作，推进气候适应性城市建设与海绵城市建设。截至2018年底，我国已完成538个城市的海绵城市建设专项规划、30个海绵城市试点（共两批），完成建设4900余个项目，行动推进迅速[①]。

1.1.3　城镇化发展从增量扩张转向存量提质，高质量人居环境建设需求紧迫

当前，我国城镇化已进入下半程，从增量的粗放扩张转变为存量的提质增效，从追求规模、数量转变为注重效益、质量。2011年，我国城镇化率突破50%，但"城市病"等问题突出，粗放发展模式难以为继。2013年召开的中央城镇化工作会议标志着我国全面推进新型城镇化建设，开启了注重质量的城镇化存量发展时代。2020年，党的十九届五中全会进一步提出推进以人为核心的新型城镇化，实施城市更新行动。"十四五"规划对实施城市更新行动、推动城市空间结构优化和品质提升提出具体安排。党的二十大报告指出，要提高城市规划、建设、治理水平，加快转变超大、特大城市发展方式，实施城市更新行动。

城市更新是我国城市存量发展时代的必然路径，是提高土地效率、提升空间品质的过程。绿色空间的提质增效是城市更新中的重要内容。当前，全国城市建成区绿地规模在不断提升，2020年，全国城市建成区绿地率为38.24%，城市绿地面积为331.2万hm²，预计到2025年，全国城市建成区绿地率将提升到40%，城市绿地面积预计将超过341万hm²。并且，全国各省、市国土空间总体规划已划定了"三区三线"，生态保护红线对城市生态空间的刚性管控格局基本确立；我国城市生态保护空间的总体格局、规模及数量已得到有效管控，但其质量和效益还有较大的提升空间。一是城市绿色空间的实际生态效益水平良莠不齐，

---

① 数据来源：《中国落实2030年可持续发展议程进展报告（2019）》。

存在以生态之名建设反而造成环境负担的问题；二是绿色空间的生态系统服务水平有待提高，过量消耗水资源、植物花粉过敏等生态系统反服务（Ecological Disservices，EDS）现象较为普遍；三是高成本的绿地建设和运营维护不可持续，经济投入与环境、社会效益产出不协同，全周期成本收益问题值得关注；四是静态化、确定性和控制式的设计、建设及运维管理方式不利于自然生命系统发挥自我调节机制，削弱了绿色空间应对不确定扰动的韧性效能。因此，提高城市绿色空间质量与效益，以绿色基础设施的标准改造、修复与更新城市绿地公园，是我国城市更新与存量发展阶段推动高质量人居环境建设的必然要求。

1.2　新时代的国家政策导向与发展机遇

1.2.1　发展绿色基础设施是推进人与自然和谐共生的中国式现代化的本质要求

生态文明建设是关系国家和民族永续发展的根本大计。党的十八大把生态文明建设提升到"五位一体"总体布局的高度，强调要把生态文明建设放在突出地位，并首次提出建设美丽中国的目标。党的十九大强调将"坚持人与自然和谐共生"作为十四条基本方略之一，将建设美丽中国作为社会主义现代化强国的目标之一。2012年以来，我国以前所未有的力度推进生态文明建设，开展了一系列根本性、开创性、长远性工作。我国坚持"绿水青山就是金山银山"的理念，相继实施了大气、水、土壤污染防治行动计划，蓝天、碧水、净土污染防治攻坚战，推进山水林田湖草沙一体化保护和治理，开展生态文明制度体系建设。目前，我国生态环境保护已发生历史性、转折性、全局性变化。2022年，全国地表水Ⅰ～Ⅲ类水质断面比例为87.9%，比2015年提高了21.9%；劣Ⅴ类水质断面比例为0.7%，比2015年降低了9.0%，地级及以上城市的黑臭水体基本消除。我国水环境质量发生了转折性变化，已接近发达国家水平。全国PM$_{2.5}$平均浓度从2015年的46μg/m³下降到了2021年的30μg/m³；2021年全国地级及以上城市空气质量优良天数比例达到87.5%，比2015年增长了6.3%；我国空气质量已发生历史性变化，成为世界上空气质量改善最快的国家。根据美国彭博新闻社的报道，2013～2020年我国空气质量改善的幅度相当于美国《清洁空气法案》启动实施以来30多年的改善幅度。总体来讲，我国生态环境质量持续好转，环境安全形势基本稳定，但成效并不稳固，生态环境持续改善的难度较大。当前，我国生态文明建设正处于压力叠加、负重前行的关键期，已进入提供更多优质生态产品以满足人民日益增长的优美生态环境需要的攻坚期，也到了有条件、有能力解决生态环境突出问题的窗口期。

根据这一形势，党的二十大进一步将"人与自然和谐共生"作为中国式现代化的本质要求之一，站在人与自然和谐共生的高度谋划发展。党的二十大报告明确提出到2035年，我国广泛形成绿色生产生活方式，碳排放达峰后稳中有降，生态环境根本好转，美丽中国目标基本实现。《中华人民共和国国民经济和社会发展第十四个五年规划和2035年远景目标纲要》也对此作出具体安排。要实现这些目标，我国生态环境保护任务依然艰巨，推进美丽中国建设仍需付出长期努力。

绿色基础设施是深入推进生态文明建设、实现美丽中国目标的空间支撑。绿色基础设施是基于自然的解决方案（NbS），通过自然恢复为主的方式助力山水林田湖草沙生命共同体的一体化保护和系统治理，可有效改善自然生态系统的质量和稳定性；绿色基础设施能够提供生态系统调节服务，可有效提高水、气、土的净化能力，助力生态环境质量根本性好转；绿色基础设施是推动建立生态安全屏障的基础，通过保障山青水碧的生态空间，助力生活空间的舒适宜居和生产空间的安全高效；绿色基础设施是人工—自然复合生态系统，能够在应对气候变化及协同推进降碳、增汇、减污、扩绿中承担重要功能；绿色基础设施能够提供更多优质生态产品，满足人民日益增长的优美生态环境需要。近年来，我国开展了海绵城市、黑臭水体治理等环境修复和生态建设行动，广泛应用了绿色基础设施的技术方法，取得了良好效果。总之，绿色基础设施在人与自然和谐共生的中国式现代化建设中将发挥重要作用，应用前景广阔。

1.2.2 高质量建设绿色基础设施是践行以人民为中心城市建设理念的必要行动

人民城市理念是当前我国城市建设的指导方向。2019年11月，习近平总书记在上海杨浦滨江公共空间视察时提出人民城市的理念，指出在城市建设中一定要贯彻以人民为中心的发展思想，合理安排生产、生活、生态空间，努力扩大公共空间，让老百姓有休闲、健身、娱乐的地方，让城市成为老百姓宜业宜居的乐园。党的二十大报告进一步明确，推进以人为核心的新型城镇化，要求坚持人民城市人民建、人民城市为人民，提高城市规划、建设、治理水平。

以人民为中心推进城市建设，一是要坚持人的主体地位，调动人的积极性、主动性、创造性，鼓励市民通过各种方式参与城市建设和管理，推动共治共管、共建共享；二是要聚焦各类人群的需求和利益，城市的公共设施和公共资源应当面向各类群体，持续为不同年龄、不同阶层的居民提供高质量服务；三是要提升城市人居环境品质，合理安排生产、生活、生态空间，创造出宜业、宜居、宜乐、宜游的良好环境；四是要加强系统思维，城市是"生命体""有机体"，城市建设工作必须在城市规划、设计、建设、运营、治理的全过程中具有整体思维、系统思维，形成社会多元参与、各方和谐共生的城市生态。要把以人民为中心的发展思想贯穿城市建设的全过程和各方面，让城市建设成果为人民所享，不断增强人民的获得感、幸福感和安全感。

绿色基础设施可为城市居民持续提供自然服务，高质量建设绿色基础设施是提升城市人居环境品质的基础，是践行以人民为中心城市建设理念的重要抓手。近年来，我国绿色基础设施建设涌现了许多新方向。全国各地大力推进公园城市建设，利用绿色空间提供优质生态产品，提升城市生态价值，创造"城在园中"的美丽宜居城市；广泛开展绿道、碧道建设，依托河道、山林保护修复构建绿色基础设施，创造市民休闲、健身、娱乐的生态绿廊和生活绿带；推动创建口袋公园，在高密度城市中针灸式地发展绿色空间，提供高品质休闲空间；不断创新各类社区花园建设，创建共商、共建、共享、共治的邻里花园，增强了社区韧性和居民的归属感、获得感和幸福感。综上所述，在高品质人居环境建设中拓展绿色基础设施的技术应用与设计实践，是落实人民城市理念的重要支撑。

1.2.3　发展绿色基础设施具有良好的新时代机遇

绿色基础设施对于支撑生态文明建设和实现"双碳"目标具有重要价值，是新时代推进人与自然和谐共生的中国式现代化的基础保障。第一，我国生态环境质量好转，但持续改善难度加大；在生态文明建设的关键期、提供更多优质生态产品的攻坚期、解决生态环境突出问题的窗口期，我国需要以自然恢复为主的系统性技术方法，推广实施绿色基础设施；第二，我国生态文明建设不断推进，习近平生态文明思想深入人心，应对气候变化和实现"双碳"目标的过程中，推动绿色基础设施建设符合国家政策和现实需求；第三，我国城镇化发展已步入下半程，城镇化将从规模扩大转为质量提升，绿色空间的提质增效和高质量建设需要绿色基础设施的深化落实。

第二章

绿色基础设施的
形成与发展

2.1 概念

2.1.1 绿色基础设施

"基础设施"一词最早出现于20世纪初，根据英文"Infrastructure"在《韦伯大词典》和《牛津大词典》中的定义，可以被理解为：一个系统或组织的基础或基本框架；一个国家、州或区域的公共产品所组成的系统，或维持某种活动所必需的资源；一个社区或社会正常运行必需的基础性设施、服务和设备。从中文角度，基础设施一般是指以保证社会经济活动、改善生存环境、克服自然障碍、实现资源共享等为目的而建立的公共服务设施，包括交通运输、信息、能源、水利、生态、环保、防灾、仓储等基础设施和医疗卫生、教育、社会福利、公共管理等社会性基础设施（金凤君，2001）。

基础设施具备两个本质含义：一是能够维持某系统（如社会或生态系统）的生存、运转及发展的基本需求，起到支撑作用的基础性结构；二是能够提供物质和非物质的资源、产品或服务。基础设施往往被划分为广义与狭义两类：一般意义上的基础设施主要指狭义的人工物质基础设施，如能源、交通运输、给水排水、通信、环保、防灾等，即常见的"市政公用设施"或"工程性基础设施"；而广义的基础设施包括医疗卫生、文化教育、社会福利、公共管理等"社会性基础设施"（刘海龙 等，2005；翟俊，2012）。从自然与人工系统的差异性来分类，基础设施可分为提供市政公共服务（如道路、能源、通信、给水排水管网等）的灰色基础设施（Grey Infrastructure）和提供生命支持与自然服务的绿色基础设施（Green Infrastructure）。

绿色基础设施具备一般基础设施的特征，主要包含以下5个方面。①绿色基础设施是为城市及居民提供生态系统服务的基础设施，是维护生态安全的自然结构和基础框架；绿色基础设施所提供的生态产品与服务对人居系统的生存、发展及正常运行具有持久的基础性支撑作用，这与基础设施的本质一致。②基础设施服务于城市全体居民，具有公共物品性，是一类社会公共资源，属于公共服务设施（王鑫鳌，2003）。③绿色基础设施具有前瞻性：在时间上，绿色基础设施应优先于城市建设；在容量上，绿色基础设施的生态服务能力应大于需求。④绿色基础设施具有长效性：绿色基础设施是在生态红线内受到永久保护的绿色空间，能够持久性地提供服务和效益。⑤绿色基础设施具有系统性：绿色基础设施强调多层次、网络化的系统性特征，与市政设施的复杂系统相似，需要内部与外界环境相协调才能正常运转。这些特征综合体现了绿色基础设施对人类社会的重要意义。

　　绿色基础设施与一般的基础设施也有不同。①绿色基础设施具有多目标性：这些目标包括了生物廊道及滨水栖息地的保护、溪流水渠的保护及恢复、水质改善、洪水灾害的减缓、社区联系，以及休闲、交通（包括自行车、步行）和教育等全面的自然服务（Randolph，2004）；绿色基础设施同时具有一般基础设施的经济乘数效应，主要在于建设运营投资、休闲文化服务和旅游产品供给等方面（Vandermeulen et al.，2011；Courtney et al.，2006）。②绿色基础设施是由自然生命支持系统构成的基于自然的解决方案（NbS），主要通过有生命的要素（Living Element）在生命周期中的自身生长与演替来发挥服务功能，是自组织性较强的系统。基础设施通过人工工程追求确定性目标和精准控制性能，而绿色基础设施则通过自然做功，仅将人工技术设施作为辅助手段帮助自然生命要素逐渐发挥自身的服务能力，因此并不追求精准控制，而是以系统的不确定性和弹性来应对外界不确定的风险与压力（如洪水灾害等）。

2.1.1.1　广义概念

　　迄今为止，很多学者或组织定义过绿色基础设施的概念（表2.1-1）。通过综述多领域的发展脉络，本书认为绿色基础设施的内涵已逐渐清晰，并具有以下3个核心特征：①功能上，绿色基础设施提供全面的生态系统服务；②空间上，绿色基础设施是一个跨尺度、多层次、相互连接的绿色网络结构，是城市发展与土地保护的基础性空间框架；③构成要素上，绿色基础设施可包括国家自然生命支持系统、基础设施化的城乡绿色空间和绿色化的市政工程基础设施（栾博，2019）。

　　不同尺度上，绿色基础设施体现的功能与服务有所差异，技术方法也有较大区别。在宏观尺度上，绿色基础设施是国家的自然生命支持系统，承载着维护国土生态安全与国家长远利益的生态服务；在中观尺度上，绿色基础设施是基础设施化的绿色空间，与普通城市绿地不同，它具有更综合的基础性城市生态服务，如缓解洪涝灾害、控制水质污染、恢复城市生境和生物多样性、调节气候、改善空气质量和缓解城市热岛效应等；在微观尺度上，绿色基础设施是以绿色技术为手段对场地进行生态设计，恢复和完善生态系统服务，提高人居环境质量。

　　需要指出的是，生态基础设施（Ecological Iufrastructure，EI）是与绿色基础设施相近的概念，栾博、李锋等学者对两个概念进行了具体比较（栾博 等，2017a；李锋 等，2014）。两者都具有提供生态系统服务的生命支持系统的涵义。国内有学者强调生态基础设施的概念更为适用，而从目前国际研究前沿与发展趋势来看，绿色基础设施的概念源于生态保护、人居环境和绿色技术三大领

绿色基础设施的概念范畴　　　　　　　表2.1-1

空间尺度		方法	首要目标	构成要素
宏观	国土、区域	生态保护和恢复	保护国土及区域生态格局，维护大尺度生态过程，保障国家生态安全	国家自然生命支持系统：自然森林、河流、湿地、湖泊、草原、农田、自然保护区、风景名胜区、国家公园与文化遗产地
中观	城市、社区	生态恢复和重建	恢复城乡生态格局，构建绿色网络，改善城市人居环境，为城市和居民提供全面的生态系统服务	基础设施化的绿色空间网络：绿地与公园系统、开放空间系统、雨洪调节系统、城市水系统（河流、湿地系统）、城市生物栖息地系统、绿道与慢行系统、都市农业与林业系统、文化遗产系统
微观	场地	可持续设计与生态设计	通过绿色技术对具体场地进行生态恢复和可持续设计	绿色化的工程设施技术：河流湿地生态修复技术、生态防洪工程技术、生物栖息地恢复技术、可持续雨洪管理技术（生物滞留池、植草沟等）、人工湿地污水净化技术、污染废弃地修复技术、固废资源化技术、绿色屋顶与立体绿化技术、生态道路技术、绿色建筑技术、人居环境空间设计

域，已广泛涵盖了生态基础设施的定义。同时，当前绿色基础设施的概念在国际上使用的广泛性与通用性均高于生态基础设施。因此，本书选用绿色基础设施一词。

2.1.1.2 狭义概念

绿色基础设施的狭义概念主要从绿色技术视角出发，是指微观尺度绿色化的工程设施技术，主要包括可持续雨洪管理技术、河流湿地生态修复技术、生态防洪工程技术、生态道路技术、污染废弃地修复技术、污水处理的人工湿地技术、基础设施生态学、能源系统、固体废物处理系统和交通通信系统等。目前，可持续雨洪管理技术、生态水利与河道生态修复的研究相对成熟（表2.1-2）。

可持续雨洪管理技术领域的绿色基础设施又可被称为绿色雨水基础设施（Green Stormwater Infrastructure，GSI）。国内外最具有代表性的绿色雨水基础设施技术体系有最佳管理措施（BMPs）、低影响开发（LID）、可持续城市排水系统（SUDS）等，我国当前正在发展和实施海绵城市技术体系。绿色雨水基础设施可通过绿色屋顶、透水铺装、生物滞留池（雨水花园）、植草浅沟、植被过滤带、调节塘、人工湿地等具体技术措施来管理城市雨洪，实现缓解洪涝、减轻污染、利用水资源等目标。

绿色基础设施的概念综述 表2.1-2

学者/机构	提出时间	概念	国家及地区
美国农业部（USDA），美国自然保护基金会（The Conservation Fund）	1999	国家的自然生命支持系统	美国
贝内迪克特（Benedict），麦克马洪（McMahon）	2001	承载自然系统的价值与功能，为人类提供相关利益的相互连接的绿色空间网络	美国
俞孔坚等	2001	生态基础设施是城市所依赖的自然系统，是城市及其居民持续获得自然服务的基础	中国
戴维斯等（Davies et al.）	2006	具有多重功能的开放空间，包括公园、花园、林地、绿廊、水道、行道树和郊野空间	英国
韦伯等（Weber et al.）	2006	景观中自然特征的丰富，除了支持生态过程以外，还有助于人类健康和福祉	美国
英国皇家环境污染委员会（Royal Commission on Environmental Pollution）	2007	绿色基础设施（从一棵树、一个私人花园，到市民公园、河流管道）能够降低城市区域的环境影响，更有弹性地适应包括气候变化在内的一系列环境挑战	英国
拉芳迪沙等（La Fortezza et al.）	2013	这是一种向人们提供基本（自然）商品和服务、同时扭转景观和栖息地破碎化趋势的卓越方法	欧洲
欧盟委员会（The European Commission）	2010	以整体系统生态修复为中心，通过识别多功能区域，并将栖息地生态恢复措施和其他连通性要素纳入各种土地利用规划和政策，从而促进整体空间规划	欧洲
欧洲经济区（EEA）	2011	解决生态系统的连通性，保护生态系统，提供生态系统服务，同时解决气候变化的缓解和适应问题	欧洲
美国国家环境保护局（EPA）	2015	一种具有成本效益的韧性途径，可管理潮湿天气的影响，为社区带来很多好处；绿色基础设施从源头上减少和处理雨水，同时带来环境、社会和经济利益	美国

2.1.2 基于自然的解决方案

　　基于自然的解决方案（NbS）是指保护、可持续管理和恢复自然的和经改变的生态系统的行动，有效和适应性地应对社会挑战，同时提供人类福祉和生物多样性效益。NbS这一概念最早于2002年被提出。随后，在世界银行、世界自然保护联盟（IUCN）等国际组织的不断探索下，概念得到不断的应用和完善。2009年，IUCN在《联合国气候变化框架公约》（UNFCCC）中引入NbS，并于2020年发布NbS全球标准第一版。IUCN提出了NbS的八大准则及28项指标，倡导依靠自然的力量和基于生态系统的方法，应对气候变化、防灾减灾、粮食安全、水安全、生态系统退化和生物多样性丧失等社会挑战。

不同机构和学者对于NbS的定义有所区别，但其主要内涵是强调通过保护、管理或新建生态系统，辅助并利用自然生命体做功而增强韧性，以更有效的适应性方式应对复杂社会挑战。NbS是一个整合了规划、设计、管理及政策的总体框架，不仅涵盖生态工程、生态修复、绿色基础设施等结构性措施，还包括生态系统管理、资源管理、环境政策等非结构性措施（Nesshover et al.，2017；Browder et al.，2019）。与人工工程技术相比，NbS在提高区域韧性和解决复杂问题中更具成本效益（Cost-effective），具有多目标价值和协同效益。由于包含内容较广，NbS需要多领域的理论与实证支撑（Nature Editorial，2017）。

在国际上，NbS已成为应对气候变化、缓解环境压力、促进可持续发展的重要策略之一。世界银行、IUCN和欧盟是推动NbS的主要力量（European Commission，2015；Cohen-Shacham et al.，2016；Browder et al.，2019）。2008年，世界银行首次在官方文件中提出NbS这一概念，要求人们更为系统地理解人与自然的关系，开发出有效的、成本低廉的、基于自然的适应性战略（World Bank et al.，2008），其基本内涵是通过保护、管理和修复自然或人工生态系统来应对气候变化问题等一系列技术集合（IUCN，2020）；2009年，IUCN向《联合国气候变化框架公约》第十五次缔约方会议（简称COP15）提交报告，将NbS纳入气候变化的国家规划与战略；2015年，欧盟首次提出了NbS的概念，并将其纳入《2020年后全球生物多样性框架》；2016年，IUCN举办的世界自然保护大会上通过了NbS定义；2020年7月，IUCN颁布了NbS的全球标准及使用指南（IUCN，2020），用于量化与衡量生态修复工程的NbS效能，强调决策的环境可持续性、社会公平性和经济可行性。不同组织对NbS的关注点有所区别。世界银行主要关注：①如何实现"三赢"——既能促进经济增长，又能改善环境质量，同时还能增强社区的弹性；②在不同的环境和社会背景下，如何选择最适合的NbS；③如何将NbS与传统基础设施相结合，形成综合的解决方案；④如何调动所有利益相关者的积极性，共同推动NbS的实施。IUCN主要关注：①如何保护生物多样性和生态系统功能；②如何提高社区参与度，确保NbS的可持续性；③如何在不同地理和气候条件下设计和实施最适合的NbS；④如何将NbS纳入政策和规划中，以实现更大的影响力。欧盟主要关注：①如何在欧洲范围内推广和应用NbS；②如何将NbS与其他政策和倡议相结合，形成协同效应；③如何提高公众对NbS的认识和理解，促进这一方案的普及和应用；④如何评估NbS对环境、经济和社会的影响，并监测和报告相关数据。

我国积极推进生态文明建设与气候变化响应行动，NbS理念逐渐受到重视。

2020年9月，自然资源部办公厅、财政部办公厅、生态环境部办公厅印发了《山水林田湖草生态保护修复工程指南（试行）》，在总结2016年以来3批25个山水林田湖草生态保护修复工程试点经验和问题的基础上，与国际生态保护修复的先进理念和有关标准充分衔接，为科学开展山水林田湖草一体化保护和修复提供指引。该指南在总体要求中明确提出，应用NbS对山水林田湖草等各类自然生态要素进行保护和修复，实现国土空间格局优化，提高社会—经济—自然复合生态系统的弹性，并在具体的技术要求中充分与NbS全球标准中的准则相衔接。2021年6月，自然资源部和IUCN在北京联合发布《IUCN基于自然的解决方案全球标准》与《IUCN基于自然的解决方案全球标准使用指南》的中文版，提出了NbS的八大准则及28项指标，倡导依靠自然的力量和基于生态系统的方法，来应对气候变化、防灾减灾、社会和经济发展、粮食安全、水安全、生态系统退化和生物多样性丧失、人类健康等社会挑战；同时，充分结合我国近年来生态保护和修复工程实践，在全国选取云南抚仙湖流域治理、内蒙古乌梁素海流域保护修复、江西婺源乡村建设、广西北海陆海统筹生态修复、深圳湾红树林湿地等10个典型案例，发布了《基于自然的解决方案中国实践典型案例》。

作为城市刚性物理空间中的自然系统，城市绿色基础设施是NbS在城市尺度下的主要结构性措施，是经修复、管理或创建的一类城市人工生态系统。长期以来，绿色基础设施都是城市规划和风景园林学的主要研究与实践对象，而从生态系统和资源管理等视角进行研究的关注不多。近年来，有研究证实使用亲自然（Biophilic）或有生命的（Living）材料比传统人工建材更具成本效益，有助于促进协同效应、提升城市韧性，证实了合理配置的绿色空间是NbS的有效支撑（栾博，2019）。

2.1.3 韧性与韧性城市

2.1.3.1 韧性的定义与相关概念辨析

人工化的城市在气候灾害和环境压力面前的脆弱性不断加剧，绿色基础设施作为NbS，能实现增强城市韧性的目标。何谓韧性？韧性（Resilience）一词最早来源于拉丁语"Resilio"，本义是"恢复到原始状态"。在工程学、生态学中，韧性作为学术概念得以发展，经历了从朴素的工程韧性到生态韧性，再到社会生态系统韧性（或称演进韧性）的认识过程。在这个过程中，韧性的理解从追求恢复平衡状态到强调适应、转变和学习演进。许多学者都对韧性的概念进行了辨析（Meerow，2016b；邵亦文，2015；李鑫 等，2017；汪辉 等，2017）。与韧性相似的中文概念还有弹性、适应性、恢复力等：恢复力与弹性多强调系统在受到干扰后恢复、弹回至均衡状态的能力；而韧性则具有持续适应、学习和创新的内涵。2001年，霍林和冈德森提出的适应性循环模型（Adaptive Cycle）把系统韧性过程归纳为由利用、保存、释放及重组四个阶段组成的循环周期，阐明循环演进是韧性的本质（Holling et al.，2002）。

韧性概念常与可持续性、生态系统服务相混淆。马尔凯塞通过文献研究，系统性地分析比较了韧性与可持续性的异同，归纳出3类不同的理解框架（Marchese et al.，2018）。在关于城市和环境资源领域的大部分研究中，韧性是作为实现可持续性的组成部分（Ahern，2012）；在供应链管理领域的多数研究中，可持续性则被视为韧性的贡献因素；在关于基础设施（Meacham，2016）、城市规划（Fiksel et al.，2014）、韧性社区（Lew et al.，2016）、公共政策（Lizarralde et al.，2015）的一些研究中，两者分别具有不同的目标，有着相互竞争的关系。实际上，韧性重在过程响应，而可持续性是对期望结果的描述。

可持续性一般通过环境、社会和经济3个维度描述系统状态，生态系统服务是通过对人类的服务功能衡量生态系统状态，韧性则强调系统对于压力和扰动的吸收、适应和恢复能力。通过城市区域可说明三者关系，在实现环境、社会、经济可持续性目标的过程中，城市区域会持续地经历外界的不确定性扰动和趋势性压力，城市韧性则可帮助城市系统具备应对扰动的吸收、适应和恢复能力。扰动有急性与慢性之分，因而韧性有应急与长效之别。缓解慢性压力的韧性能力与可持续性的衡量标准趋于一致。同时，城市系统的生存和发展依赖于自然系统所提供的全面的生态系统服务，这些服务是维系社会经济系统正常运转的基础，也是提供韧性的保障。基于以上概念辨析可以发现：①韧性不仅是对扰动的简单的恢复和适应过程，还强调在扰动中学习、转型和演进的能力；扰动是韧性演进的机会，韧性演进是应对扰动的储备过程；②韧性是城市实现可持续目标过程中应对各种不确定性扰动的能力，包含应对长期压力的发展韧性与应对急性扰动的灾害韧性；③城市绿色基础设施通过促进自然生命系统健康，提供生态系统服务，提升城市韧性。城市绿色基础设施能够衔接和承载这3个概念，它既是提供生态系统服务的空间载体，又是发挥城市韧性的自然柔性结构，更是影响城市可持续发展的生态基础。

2.1.3.2 城市韧性

城市韧性概念与理论的形成，与韧性理论从工程学发展到生态学后进一步在社会生态系统研究中迅速发展密切相关（Gunderson，2000；Folke，2006；Meerow et al.，2016a）。城市韧性的概念自2002年在美国生态学会年会上被提出以来，出现了很多理解和概念界定，至今尚未达成共识（Meerow et al.，2016b；徐

耀阳 等，2018）。学者们从灾害适应、复杂适应、可持续性等不同角度进行理解和辨析（汪辉 等，2017；Marchese et al.，2018；Folke et al.，2016）。有的学者对城市韧性概念的不同理解作了详细比较，认为导致缺乏共识的原因在于城市的高度异质性、复杂性和扰动因素的多样性（Batty，2008；Leichenko，2011）。

基于不同理解，有关城市韧性的概念界定主要有4个方面的区别。①扰动类型不同。以类型区分，外界扰动包括自然因素（如气候变化引发的极端气象灾害）和人为因素（如恐怖袭击、群体性突发事件、疾病蔓延等）。②扰动时长不同。以应急性区分，又可分为急性冲击和慢性压力（或缓速扰动，Slow Motion Disturbance），前者如危害安全的突发性灾害，后者如资源短缺、生态退化等持续性压力和隐患；相较于突发灾害的偶发事件，城市社会生态系统更易持续性地受到外界压力胁迫，长期处于适应性循环的过程中。③目标不同。韧性的目标有3个：一是恢复到初始状态（侧重工程韧性的目标）；二是促成新的稳定（或平衡）状态（侧重生态韧性的目标）；三是在持续压力或扰动下演进发展，实现适应和转变（侧重演进韧性的目标）。④维度不同。实现城市韧性的途径包括生态（空间）韧性、工程韧性、社会韧性、经济韧性等多重维度，还包括机制韧性、信息韧性等其他维度。

笔者认为，城市韧性是指城市在实现可持续性目标的过程中，抵御、吸收、适应各种不确定性扰动，并从中恢复、演进和改变的能力。城市韧性具有灾害韧性和发展韧性两种属性。当前，应对急性扰动的灾害韧性成为城市韧性研究的主要关注点。既有从社会、经济、环境、组织机制、基础设施等多方面综合评估城市系统灾害适应能力的研究，也有针对极端灾害过程具体表现的研究，如应对台风（彭雄亮 等，2019）、洪灾（Liao 等，2012）、地震（Bruneau et al.，2007）等。研究对象包括城市韧性（修春亮 等，2018）、社区韧性（Cutter et al.，2008）、经济韧性（Simmie et al.，2010）和基础设施韧性（Francis et al.，2014；李亚 等，2017）等。相较于灾害韧性研究，应对多样化扰动和长期不确定性发展的韧性研究开始受到关注（李彤玥，2017）。目前，代表性的评估框架有美国洛克菲勒基金会2013年倡议的"全球100韧性城市"计划（Spaans et al.，2017）和联合国人类住区规划署2012年启动的《城市韧性研究方案》（City Resilievce Profiling Programme，CRPP）。

2.2　发展脉络

绿色基础设施是在人居环境、生态保护和绿色技术三大领域起源发展并逐步形成的概念。国际上，绿色基础设施发展大致可分为3个阶段（表2.2-1）。①早

绿色基础设施的发展阶段和特点　　　　　表2.2-1

时间	发展历程	代表性要素	主要目标	方法
1850~1960年	早期雏形阶段	公园、开放空间系统	游憩、审美、公共环境改善	景观设计、城市设计学科的定性方法
1960~1990年	初步形成阶段	生物廊道、生态网络	生物保护、生态系统保护	生态学、景观生态学、生态规划的科学方法
1990年至今	快速发展阶段	绿道、低影响开发（LID）、绿色基础设施	土地保护、精明增长、雨洪管理、历史文化保护、河道修复、湿地恢复、生态系统服务	水文、生态工程、市政工程、环境工程等多学科方法

期雏形阶段：以19世纪50年代城市公园的出现为标志，以服务公众游憩与审美、改善公共环境为目标，缺少科学性和系统性的理论与方法；②初步形成阶段：以1960年后生态保护运动的发展为开端，此时的生态学、生态规划、景观生态学的理论与方法不断发展，出现了以生物保护、生态系统保护为核心目标的生物廊道和生态网络等概念；"人与生物圈计划"（MAB）于1984年正式提出生态基础设施这一概念，成为此阶段的标志；③快速发展阶段：以20世纪90年代以来绿色基础设施在多领域的快速发展为特征；土地保护、精明增长、绿道、低影响开发与河道修复等领域共同推动绿色基础设施成为明确的概念共识，相关研究与实践也迅速广泛开展；2000年后，绿色基础设施在英国、欧盟、加拿大、中国等地广泛传播；2008年以来，以应对气候变化和复杂性挑战为目标的NbS逐渐形成并发展，将适应性管理等非结构性措施与空间格局规划设计、生态修复技术等结构性措施相结合，在广度和高度上拓展了绿色基础设施的理论和方法，推动绿色基础设施进一步发展成熟。

　　我国古代工程中有很多类似现代绿色基础设施作用的实践，如周朝古道（贾行飞 等，2015）、南方丘陵地区的陂塘系统（Gao et al.，2015）、长三角地区的运河水网、黄泛平原的坑塘洪涝调蓄系统（吴庆洲 等，2013；陈义勇 等，2015；俞孔坚 等，2007）等。它们体现了适应自然的朴素思想，不同程度地发挥生态系统服务功能。绿色基础设施概念在2000年前后传入我国，相关研究大致经历了起步期、发展期和成熟期3个阶段。起步期以2001年俞孔坚的《城市生态基础设施建设的十大景观战略》一文为标志，主要关注生态基础设施的理论体系与构建途径方面；2009年，我国绿色基础设施研究进入发展期，主要关注综述绿色基础设施概念与发展历程、介绍国外理论与实践、探索空间构建方法与评价方法等方面，重点讨论绿色基础设施如何解决城市发展过程中的生态环境、健康安全等问

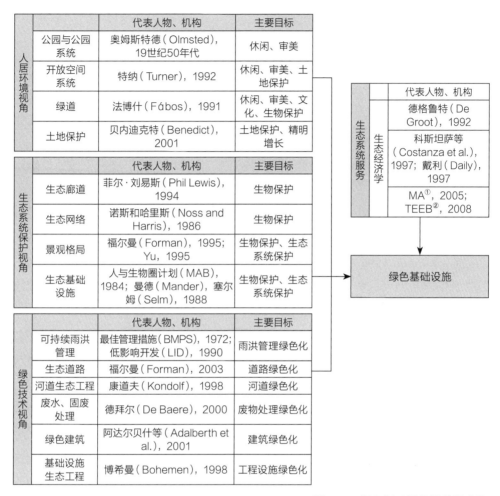

图2.2-1　绿色基础设施的发展脉络

题；2014年至今，随着海绵城市建设的推进，我国绿色基础设施研究进入成熟阶段；研究数量增多，研究内容丰富，领域细分度增加，在气候变化、雨洪净化调蓄、空气质量、人体健康等方面的定量研究不断深入。

　　绿色基础设施的发展是公园、公园系统、开放空间、绿道、生态网络、生物廊道和雨洪管理等多个领域共同推进的结果，可归纳为三大视角：一是人居环境视角，以服务人居需求为出发点；二是生态系统保护视角，以生物保护为出发点；三是绿色技术视角，以市政工程设施的绿色化为出发点。三大视角的独立发展与相互影响促进了绿色基础设施概念共识的形成与发展。生态经济学领域的生态系统服务思想，为绿色基础设施的内涵与功能提供了清晰和全面的思想基础（图2.2-1）。

---

① 《千年生态系统评估报告》（Millennium Ecosystem Assessment，MA）。

② 生态系统和生物多样性经济学（The Economics of Ecosystems and Biodiversity，TEEB）。

2.2.1　人居环境视角：从公园到土地保护

　　绿色基础设施是公园绿地发展至高级阶段的产物。19世纪50年代的纽约中央公园是第一个为社会大众提供休闲服务的绿色空间，它改善了当时城市公共卫生环境，被认为是绿色基础设施的早期雏形。19世纪后期，在奥姆斯特德（Olmsted）等人的推动下，公园之间通过公园道（Parkway）相互连接，出现以波士顿"绿宝石项链"为代表的公园系统（Park System），形成城市绿地系统，扩展了公园的服务范围。这一时期，公园以提供休闲游憩与审美体验为主要功能，具有朴素的环境改善作用。20世纪以来，开放空间系统拓展了公园系统的范畴，融入了保护城市与周边地区未开发土地的功能，逐渐发展为土地空间管理控制策略（Turner，1992）。1980~1990年，绿道的研究趋于成熟，成为贯穿城乡、连接各类绿色空间的线性开放空间纽带（Little，1995），为绿色基础设施的网络化结构奠定了基础。绿道在游憩、美学、文化遗产保护和生态保护方面具有更为综合的功能。最具代表性的是1991年的美国马里兰州绿道体系规划建设，它成为2001年开始的马里兰绿色基础设施评价（GIA）与"绿图计划"的基础（Fábos，2004；Weber et al.，2000）。随着生态规划和景观生态学的发展，目标更综合、方法更科学的网络化绿色基础设施应运而生。它超越开放空间与绿道的概念范畴，成为一种新的土地保护策略（Williamson，2003；Lynda，2003），通过限定城市的增长边界，实现土地的有效保护与城市的精明增长（Moglen et al.，2003；Doyle，2002；Miller et al.，2002）。1999年，美国保护基金会（The Conservation Fund）和美国农业部森林管理局（USDA Forest Service）首次提出了绿色基础设施作为国家自然生命支持系统的正式定义（Benedict et al.，2000）。美国马里兰州1997年的"精明增长法案"和2001年的"绿图计划"（Daniels，2001），是以绿色基础设施评价为途径进行土地保护的早期代表性实践（Randolph，2004）。

2.2.2　生态保护视角：从生物廊道到复合生态系统保护

　　20世纪60年代以来，保护生物学、景观生态学、岛屿生物地理学和复合种群理论不断发展，先后诞生了生态廊道（Ahern，1995）、生态网络（Noss et al.，1986）、生境网络（Selm，1988）、景观安全格局（Forman，1995；Yu，1995）等一系列以生物保护为核心的理论方法。生态基础设施概念最早于1984年由联合国教科文组织的"人与生物圈计划"（MAB）提出，是生态城市规划的五项原则之一。曼德和赛尔姆等在1988年分别用生态基础设施作为生境网络（Habitat Network）设计的框架（Mander et al.，1988；Selm et al.，1998）。随后，荷兰农业、自然管理和渔业部在1990年颁布的《自然政策规划》（*Nature Policy Plan*）

中提出了全国尺度上的生态基础设施概念（Ahern，1995）。生态基础设施在国外的研究不多，但在中国得到了很大发展。俞孔坚和李迪华运用景观安全格局理论发展和扩展了生态基础设施体系，使其超越了原有以生物保护为中心的狭义范畴，成为维护土地上各种生态过程与人文过程的整合性网络。它不仅是城市和居民获得持续自然服务的基本保障，也是城市扩张和土地开发利用不可触犯的刚性限制（俞孔坚 等，2002）。李峰等学者侧重从城市生态学的角度进行研究（李锋等，2014），认为生态基础设施能够保证自然和人文生态功能的正常运行，具有重要的生态系统服务功能。综上所述，生态基础设施的概念起源于生物保护，与生物廊道、生境网络等概念一脉相承，后扩展为保护自然与人文复合生态系统的健康，通过保护土地格局控制城市扩张。至今，生态基础设施已在功能、结构及构成要素上与绿色基础设施逐渐趋同但又各有侧重。

2.2.3 绿色技术视角：工程基础设施从灰色化到绿色化

绿色化的工程基础设施是绿色基础设施的重要组成部分。传统的工程设施为城市及居民提供如能源、道路、建筑、防洪、雨水排放、废水处理等市政基础服务。这些灰色工程均以服务人类社会为中心，虽然在一定程度上单目标地解决了局部问题，却往往引发更多损害生态系统服务的系统性失调问题，包括城市热岛效应、暴雨洪涝等影响人类社会的城市病。灰色基础设施的绿色化改造是指通过生态工程和绿色技术来降低工程设施所带来的生态胁迫和干扰，并改善和恢复城市生态系统服务功能（刘海龙 等，2005；Seiler et al.，1995；Van Bohemen，1998）。绿色化的工程设施系统包括可持续雨洪管理技术、水利与河道生态修复技术、道路生态工程、污染废弃地的生态修复技术、污水处理的人工湿地技术、基础设施生态学、能源系统、固体废物处理系统和交通通信系统等。目前，可持续雨洪管理技术、水利与河道生态修复技术的研究相对成熟（Ahiablame et al.，2012；Dietz，2007）。例如，美国环境保护署（EPA）推动绿色基础设施作为解决城市雨水管理问题的手段，以西雅图、波特兰为代表，通过绿色街道、雨水花园、植草沟、透水铺装、绿色屋顶、河流恢复等多种绿色基础设施技术，控制城市面源污染，调蓄暴雨径流，提升生态服务功能。

2.2.4 生态系统服务与生态产品

生态系统服务是人类社会赖以生存和发展的基础，也是当今自然与城市生态系统研究的热点（Westman，1997；Costanza et al.，1997；Daily，1997）。生态系统服务是人类从生态系统中获得的各种服务，包括生态系统提供食物、水、木材及纤维等物质的供给服务，调节气候、净化水体、减缓洪涝灾害等方面的

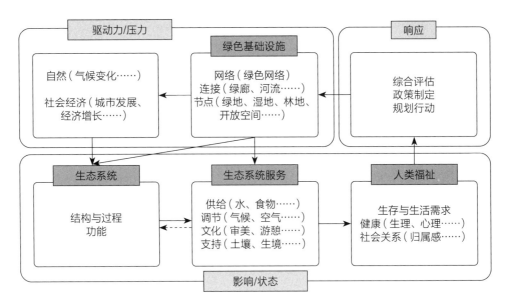

图2.2-2　绿色基础设施与生态系统服务、人类福祉的关系

调节服务，休闲旅游、审美享受、文化启智等方面的文化服务，以及在植物光合作用、土壤养分循环等方面的支持服务（Millennium Ecosystem Assessment，2005）。目前，一些研究对生态系统与生态系统服务和人类福祉的关系提出了基本框架（De Groot et al.，2010；TEEB，2010；Haines et al.，2010）。范欧登霍温提出了土地管理与生态系统结构功能、生态系统服务与人类福祉的关系框架（Van Oudenhoven，2012）；帕克萨德和奥斯蒙德应用DPSIR模型，建立了绿色基础设施提供的生态系统服务和人类健康福祉在环境压力、状态间的关系框架（Pakzad et al.，2016）。综合已有框架，基于PSR模型，提出绿色基础设施与生态系统结构功能、生态系统服务与人类福祉的关系，以及它们在环境压力、状态、响应过程中的作用（图2.2-2）。

生态产品是具有中国特色的一个概念，与科学术语"生态系统服务"既有区别，也有联系，不少学者把生态产品等同于生态系统服务。我国政府对生态产品的界定出现于2010年12月发布的《全国主体功能区规划》，该规划指出生态产品是维系生态安全、保障生态调节功能、提供良好人居环境的自然要素，主要包括清新的空气、洁净的水源、清洁的土壤和宜人的气候等。从这个定义来看，生态产品与生态系统服务的内涵基本一致。实际上，生态系统服务强调自然环境自身属性所提供的服务和价值，是与人类劳动没有直接关系的自然产品。狭义的生态产品在概念上基本等同于生态系统服务，是来自于生态系统未经人类劳动加工的产品和服务。广义的生态产品还包括经过人类劳动和投入相应社会物质资源后，生态系统所产出的产品，如通过清洁生产、循环利用、降耗减排等途径，减少消

不同尺度绿色基础设施的生态系统服务　　　　　表2.2-2

空间尺度		提供的生态系统服务
宏观	国土与区域	维护国土生态安全与国家长远利益的生态服务，如国土水源涵养、旱涝调蓄、气候调节、水土保持、沙漠化防治、生物多样性保护等
中观	城市与社区	城市与居民的人居环境服务，如缓解城市洪涝灾害，控制水质污染，提高空气质量，缓解城市热岛效应，提供游憩、审美、文化认同与精神启发等
微观	场地与技术	

耗生态资源所生产或提供的有机食品、绿色农产品、生态工业品与生态旅游等。

　　绿色基础设施是生态系统服务及人类福祉的空间落实途径（Lafortezza et al.，2013），其"基础作用"是全面提供生态系统服务或生态产品。不同尺度上所提供的生态系统服务不尽相同（表2.2-2）。综合国际上研究生态系统服务较权威的MA（2005）和TEEB（2010）体系，绿色基础设施提供的生态系统服务可以归纳为以下4点。①支持服务：生物栖息地、土壤形成、光合作用和养分循环；②供给服务：提供食物和淡水等；③调节服务：空气净化、气候调节、水质净化、雨洪调节、自然灾害缓解和废物处理等；④文化服务：游憩、审美、艺术文化灵感、文化认同、精神启发和教育等。人类福祉方面包括安全、生活需求、身心健康和社会关系等。

2.3　国内外绿色基础设施的应用情况

2.3.1　国外绿色基础设施的应用情况

2.3.1.1　美国

　　美国是最早推动绿色基础设施发展的国家，目前有三个相互关联的体系。一是1999年美国保护基金会与农业部森林管理局推动的土地保护与精明增长，通过限制城市增长边界、保护城市开放空间的方式，实现了对土地的有效保护，解决城市蔓延问题；美国马里兰州1997年的《马里兰州精明增长法案》和2001年的"绿图计划"（Daniels，2001），是以绿色基础设施评价为途径进行土地保护的早期代表性实践（Randolph，2004）。二是以《清洁水法》（Clean Water Act）的修订为契机，EPA推动了最佳管理措施（BMPs）和低影响开发（LID），鼓励使用绿色基础设施，解决城市雨水管理问题，帮助城市降低洪灾风险、提高水质和改善城市气候；波特兰、西雅图、华盛顿等城市是典型的雨洪管理技术的应用范例。三是强调以生物保护为核心的生态网络和廊道建设，近年来发展为以适应气候变化和恢复城市韧性为目标的各类措施，如纽约通过气候适应规划设计，加强绿地公园的弹性来增强城市韧性，以抵御气候变化的影响。

美国推动绿色基础设施体系建设的经验丰富。①通过完善法律法规，有效保障绿色基础设施的实施：1972年的《清洁水法》是控制美国污水排放的基本法规，推动了EPA对城市水质进行监管；②美国在联邦和各州或城市层面形成了相对完善的绿色基础设施规划管理体系：联邦层面由EPA推动制定目标和技术导则；各州或城市层面通过官方与非官方机构推动绿色基础设施建设；③通过绿色基础设施生态效益评估，推行建设许可制度：以西雅图为代表的美国城市通过绿色因子（Green Factor）评估来制定建设法规，在场地规划阶段需对基本景观要素（植被层次、植被覆盖率等）和绿色基础设施（雨水花园、绿色屋顶、绿墙等）进行量化评分，达标后项目才能建设实施；④实行多样的奖励政策机制，鼓励绿色基础设施建设：开发项目建设达到规定的生态指标后，政府可给予相应的资金奖励；如能完成更高生态指标并通过评估，政府可退还部分开发费，以此激励开发商在建设项目中投资绿色基础设施的意愿。

2.3.1.2 欧盟

欧洲积极推动绿色基础设施的发展。2013年，欧盟委员会在"Natura2000"（欧盟自然保护区网络）的基础上，应对栖息地破碎化，以生物保护为基础，逐渐发展为全面生态系统服务（EC，2013）；同年，欧盟出台了名为《绿色基础设施：增强欧洲自然资本》的新战略，主要目的是鼓励绿色基础设施的利用和投资。欧洲空间规划观测网（ESPON）于2020年5月发布《城市绿色基础设施》报告，指出绿色基础设施由相互关联的绿色和蓝色空间（如公园、行道树、绿色屋顶、河流等）组成，它们为城市地区保护和支持生态与文化功能的完整性提供了解决方案，进一步促进市的绿色和可持续发展。

政策和融资工具是欧盟推动绿色基础设施建设的主要抓手，统一数据评估管理则是监督方法。推动建立欧盟所有成员国的基础数据框架，以地理信息为空间管控平台，开展战略环境影响评价，对国土空间利用的相关规划标准进行整合，是将绿色基础设施纳入空间规划的管理工具。

不同欧盟国家的绿色基础设施的政策形式不同。一些国家制定了国家或区域的战略政策，另一些国家将符合欧盟的绿色基础设施战略纳入不同的部门战略、政策、立法和金融工具之中（祝培甜 等，2021）。欧盟的绿色基础设施战略的核心建议是要制定国家战略政策，主要包括：设立区域规划委员会；实施注重娱乐和卫生健康的都市区空间规划（如哥本哈根、斯卡内地区）；在城市规划中运用地理信息系统（GIS），规划立法中制定标准，通过自下而上的方法驱动（如芬兰城市规划方案）；将生态系统服务纳入空间规划（如斯洛伐克的特夫纳地区）；将绿色区域作为城市发展综合战略中旅游发展有机组成部分（如罗马尼亚的阿尔巴尤利亚）。

德国于2017年出台《联邦绿色基础设施概念规划》，明确提出德国绿色基础设施规划是以自然保护区、国家自然文化遗产、特殊生态功能区（河漫滩、海洋、城市居民点等）为基本对象，是以实现自然生态环境保护和生态系统服务提升为终极目标的可持续工具。

西班牙巴斯克地区在空间规划中充分考虑了适应气候变化的绿色基础设施的战略布局，制定了《巴斯克地区空间规划准则》。该空间规划将气候战略融合在一起，充分考虑自然资源保护和绿色基础设施建设，促进城市适应气候变化的可持续发展。

瑞典马尔默市在2014年开始实施国土综合整治计划，引入了绿色空间系数，即城市建设用地需要用一定比例的绿色或蓝色空间来补偿地面硬化空间。丹麦哥本哈根等城市出台了对于私人投资绿色基础设施的补偿机制，通过补充海岸植被以稳定海滩和沙丘，维护和恢复海岸地貌和生态系统。

低海拔沿海国家和地区面临海平面上升的风险，哥本哈根等城市为保护、恢复海岸带生态系统，进行海岸植被恢复。荷兰实施了"三角洲计划"，旨在确保洪水风险管理和淡水供应，制定新的洪水保护和空间适应标准，保障城市和农业的淡水需求。

2.3.1.3 新加坡

新加坡是一个城市化程度非常高的国家，同时也是一个淡水紧缺的国家，新加坡将绿色基础设施建设作为解决国家生存安全和发展出路的战略来执行。为解决国家的水安全问题，新加坡将原先分散在多个部门的水管理职能整合在一起，于1963年成立了新加坡国家水务局（PUB），隶属于环境与水资源部（MEWR），负责新加坡的水资源开发、利用、保护、供水、排水、水污染防治、污水处理以及雨水收集等一切涉水事务，进行统一规划、统一管理；为推进花园城市建设，组建新加坡国家公园管理局（NParks），统一负责新加坡公园绿地的规划、建设、管理等事务。

新加坡绿色基础设施的主体是由绿色空间系统和水系统组成的蓝绿网络，能够承担城市一系列的生态系统功能，从水的收集净化、野生动植物栖息地以及碳素积累和循环等方面，将新加坡的自然环境和人工环境结合在一起。目前，新加坡致力于将蓝绿空间连接，尤为重视水系统的绿化、景观化，并使蓝绿网络充分融入城市空间之中，为新加坡国民提供更多的游憩服务，并使生态基础设施成为新加坡的城市名片和亮点。新加坡国家水务局通过制定"ABC水计划"（Active，Beautiful，Clean Waters Programme），实现水系统与城市空间的有效融合。新加坡已经建立了一套完整的"城市森林计划"，通过建立公园、绿化带、屋顶花园等方式来提供城市生态系统服务。2002年，新加坡出台《2002公园和水体规划》；2007年，出台第一个《休闲规划》（Leisure Plan），通过开辟更多的公园和滨水区、创建公园链和空中花园等多种举措，创建水与绿交织的花园城市。新加坡通过串联公园绿地的"公园链网络"（Park Connector Network）和以展示城市生物多样性为主要目标的"自然之径"（Nature Ways）绿道网络、利用存量空间建设多重目标的绿道网络系统，将自然引入城市。新加坡国家公园管理局推动的"空中绿化"（Skyrise Greenery）计划和由新加坡市区重建局（URA）推动的"城市空间和高层建筑景观"（LUSH）计划，以大力发展垂直绿化，全方位发掘城市空间的绿化潜力。

2.3.2　国内绿色基础设施的应用情况

2.3.2.1　NbS理念在大尺度生态修复中的应用——我国山水林田湖草生态修复工程

随着现代化进程的加速，人类对自然资源的过度开发和污染，导致了生态环境的恶化和生态系统的破坏，这也促使人们重新审视人与自然的关系。我国提出了"山水林田湖生命共同体"的概念。"山水林田湖生命共同体"的概念源于中国古代哲学思想，强调人与自然的和谐共生。"山水林田湖生命共同体"是习近平总书记于2013年11月9日在《中共中央关于全面深化改革若干重大问题的决定》中提出的治国理政方针理论。2020年，《山水林田湖草生态保护修复工程指南（试行）》发布，其中"山水林田湖草"强调了人类与自然的相互关系，提倡人与自然和谐共生的理念，充分体现了NbS实现生物多样性净增长和适应性管理等准则。"山水林田湖草"强调了3个方面：①强调生态系统的整体性和相互依存性，需要考虑到不同自然要素之间的相互关系，如水系与湖泊、森林与山地等，以及它们对人类生活的影响（李春华 等，2019）；②注重生态系统的多功能性，不仅要满足人类的生活需求，还要兼顾生态系统的多种功能，如水源涵养、土壤保持、气候调节等。③强调生态系统的恢复和保护，以保证生态系统的稳定和可持续发展。2021年6月23日，自然资源部与世界自然保护联盟（IUCN）在北京联合发布了《IUCN基于自然的解决方案全球标准》《IUCN基于自然的解决方案全球标准使用指南》中文版，标志着我国山水林田湖草生态保护修复工程开始借鉴与融合NbS的理念与技术方法。

2.3.2.2 我国海绵城市建设的进展与趋势

海绵城市建设的概念最早于2003年提出，是指利用天然或人工手段将降雨的径流滞留、渗透和净化，还原自然水文循环，从而达到减缓城市洪涝灾害、改善城市环境质量、提升城市可持续性的目的。2015年，《国务院办公厅关于推进海绵城市建设的指导意见》正式发布，标志着我国全面启动海绵城市建设的进程。经过多年的探索和实践，我国已经在全国范围内广泛开展了海绵城市建设的示范试点。截至2021年，全国已有超过100个城市开展了海绵城市建设。

2014年，住房和城乡建设部颁布了《海绵城市建设技术指南——低影响开发雨水系统构建（试行）》。由于我国地形地貌、气候类型、水文特征的复杂性和差异性，海绵城市建设的目标也不尽相同。针对我国东中西部不同的区位特点，各省份因地制宜编制海绵城市建设方案，明确海绵城市建设的总体要求、基本原则、建设重点及保障措施。各地区在海绵城市建设的过程中都有各自的侧重点：南方地区水资源相对丰富，夏季多暴雨，容易发生洪涝灾害，则更加重视径流峰值及污染的控制；北方地区水资源相对匮乏，西北地区容易发生旱灾，则注重雨水的渗透、滞留与储蓄。

2.3.2.3 我国"城市双修"的进展与趋势

2015年，住房和城乡建设部将三亚列为"生态修复、城市修补"（简称"城市双修"）的首个试点城市，开启了全国范围内的"城市双修"行动。2017年，住房和城乡建设部印发《关于加强生态修复城市修补工作的指导意见》，将"城市双修"作为推动供给侧结构性改革的重要任务，以改善生态环境质量、补足城市基础设施短板、提高公共服务水平为重点，转变城市发展方式，通过治理"城市病"，提升城市治理能力，打造和谐宜居、富有活力、各具特色的现代化城市。"城市双修"是城市转型发展的重要标志（雷维群 等，2018）。

全球很多城市在其发展过程中都经历了"城市双修"的阶段。20世纪初，许多欧美城市针对日益加速的郊区化趋向，为恢复市中心的良好环境、重塑吸引力而进行了景观改造活动。与国外相比，生态文明建设指导下的"城市双修"更具中国特色。三亚市作为第一个"城市双修"的试点城市，在生态修复方面分别对海岸线、河岸线和山体进行了违法建筑拆除、植被恢复和保护、污水截源和处理等工作。截至第三批试点城市公布，全国总计共59个"城市双修"城市，结合自身存在的"城市病"，深入城市生态系统的各个层面，对制度创新进行了探索；

从生态修复对象来看，大部分城市都把城市水体、城市绿化、城市周边山地的生态环境改善作为重要的生态修复对象，并且注重新技术、新途径的应用，因地制宜，推陈出新，推动我国高质量城市生态修复实践不断发展。

2.3.2.4　公园城市的理念与实践

2018年2月，习近平总书记视察成都天府新区时首次提出公园城市这一概念，提出城市规划建设要突出公园城市特点，把生态价值考虑进去，成为适应新时代城市生态环境发展形势及需求的新阶段。公园城市旨在满足人民群众对美好人居环境的向往，将城市绿地系统和公园体系、公园化的城乡生态格局和风貌作为城乡发展建设的基础性、前置性配置要素，把"市民—公园—城市"三者关系的优化和谐作为创造美好生活的重要内容。通过提供更多优质的生态产品，构建新型城乡人居环境和理想城市范式。

2022年，全国首个公园城市国家标准化综合试点——四川天府新区公园城市标准化综合试点正式启动，标志着公园城市建设具有了标准化、规范化、科学化、精细化的发展指标。深圳、上海、北京等城市相继发布公园城市建设实施方案：2022年12月，深圳市发布《深圳市公园城市建设总体规划暨三年行动计划（2022—2024年）》，作为指导深圳公园城市建设的纲领性文件；2023年，上海发布《上海市"十四五"期间公园城市建设实施方案》；北京市朝阳区以大尺度绿化为主攻方向，率先建设"公园城市示范区"，推动百万亩造林绿化建设，充分利用零散地块、道路两旁、第五立面等绿化空间，宜绿则绿、见缝插绿、垂直增绿。

2.3.3　我国绿色基础设施的发展前景

20世纪60～90年代，以公园系统和绿道建设、土地与生态保护、城市扩张管控为契机的绿色基础设施建设行动在以美国为主的西方国家初步形成；20世纪90年代后，以雨洪管理为核心内容的绿色基础设施在多领域、多地区协同发展；21世纪以来，欧美国家推动社区层次的绿色基础设施行动，推进绿色基础设施的深度落地。2008年后，NbS在广度和高度上拓展了绿色基础设施的理论和技术方法。

20世纪末～21世纪初，正值我国快速城镇化扩张时期，绿色基础设施理论体系被引入我国。引入初期，以生态安全格局的识别与构建为核心的绿色基础设施宏观规划布局在优先维护生态安全和控制城市无序扩张方面发挥了重要作用。2012年后，我国在落实生态文明建设和推动海绵城市的过程中，绿色基础设施技术体系不断发展，不仅区域、城市尺度的规划研究更加丰富，社区和场地尺度的设计案例也不断涌现。未来，我国城市将进入存量发展时代，在城市更新过程中高质量推进绿色基础设施建设日趋重要。

2.3.3.1　促进科学研究、工程技术与设计应用的多专业融合

绿色基础设施是涉及国土、区域、城市、场地的多尺度生态网络系统，具有很强的复杂性和系统性，不同尺度适用的理论方法差异很大。因此，科学研究、工程技术与设计应用的紧密合作，对高质量、全过程推动绿色基础设施系统构建尤为重要。研究与实践需要紧密联系，实践需要统筹专业技术，也需科学研究的支持。我国当前面临的主要问题在于科学研究对实际问题的应对不足，工程技术领域的多目标协同与多专业合作还有待加强，设计实践中的科学指导和专业技术的支撑力度不足。此外，不同学科间缺乏交叉合作也成为绿色基础设施技术研发的瓶颈：城市规划、风景园林领域的学者善于运用空间设计，但需要量化研究和多专业支撑；景观生态学擅长通过模型识别和构建整体生态格局，但缺乏实证研究验证；环境学和生态学善于运用实验方法研究具体问题，但需要空间上的应用落实。因此，促进科学、技术和设计的联动，推进多专业协同合作是绿色基础设施未来发展的必要之举。

2.3.3.2　优化促进协同效应和综合价值

我国政府相继颁布政策，协同推进气候响应与环境治理。绿色基础设施具有综合的生态与人文价值，但不同目标绩效间存在着协同或权衡关系，如景观服务绩效间的协同问题（罗毅 等，2014）、生态系统服务间的权衡与协同问题（Wu，2014；Derkzen et al.，2015）、气候变化适应策略的共生效益问题（Demuzere et al.，2014；陈梦芸 等，2019）等。优化绿色基础设施的空间结构和内部技术配置是促进其发挥协同效应的关键。当前，我国绿色基础设施建设在多目标协同方面仍有待加强。一方面，一些绿色技术应用中缺乏社会文化价值，如人工湿地这类环境治理工程，主要关注污水净化的单一目标，而不具有休闲、美学等文化服务价值；另一方面，很多以生态为名的景观建设成为仅注重外表效果的"生态花瓶"，却很可能缺乏实际生态效益，甚至造成环境负担，如一些巨资投入的湿地公园耗水量很大，不仅不具备全面生态系统服务功能，反而会造成生态损害。

2.3.3.3　加快发展中国本土化的绿色基础设施技术体系

源于西方发达国家的绿色基础设施体系已积累了成熟的技术经验，在中国推广正有用武之地，但需要注意本土化发展问题。我国的气候条件、地理特征、生态环境以及各地的生活方式、文化习俗和决策机制都与欧美国家有很大差异，研

究制定适应我国本土环境与社会特征的关键技术、评估体系、标准规范、管理体系、法规政策是必要工作。例如，海绵城市是我国借鉴低影响开发（LID）技术提出的可持续雨洪管理技术体系，在国家政策与资金支持下取得了一定成效，但在与我国实际情况的结合中有一些问题值得关注：①水资源短缺是我国最严峻的水情特征，雨水和废水的资源化综合控制利用应该成为海绵城市的重要方向；除径流总量调蓄、径流污染控制外，海绵城市建设还应具有符合我国实际的多元功能和综合价值；②我国气候和土壤条件的地区差异明显，需要因地制宜地开展各地雨洪管理技术标准与措施途径研究；③受季风气候影响，区域洪水和城市内涝是我国主要的洪涝问题，宏观流域管理与场地源头控制耦合的大中小海绵体系建设是需要重视的方向；④城市更新中，对老旧城区和已建成区中的灰绿设施改造结合、雨污合流问题应予以特别重视。

2.3.3.4 创新发展响应时代需求的领域

积极响应国家新时代的发展需求，推进绿色基础设施相关领域的创新发展。一是我国将在气候变化领域承担更多大国责任，绿色基础设施便是减缓和适应气候变化的途径，应重点发展促进气候响应与环境治理的协同技术。二是积极配合我国水、气、土污染攻坚战，着力发展应对环境污染新形势的绿色基础设施技术。三是以城市更新和高质量生态建设为契机，加强城市生态系统精细化修复与管理，开展存量绿色空间（公园、绿地等）提质增效的绿色基础设施技术的研究与应用，推进高密度建成区灰色空间（桥下空间、屋顶等）的绿色化改造与精细化品质提升。四是随着我国老龄化趋势加剧，要进一步推进基于老龄友好的绿色基础设施无障碍设计，探索适宜老龄人群使用的设施与设计方式。五是在人民城市理念的指导下，全民健康问题备受关注，要研究应对中国人特有的环境感知与心理范式，采取有利于运动健身的绿色基础设施建设方式，拓展绿色基础设施与运动健康产业联动。六是以提供更多优质生态产品为目标，推动绿色基础设施与社区共建花园、都市农业的合作，探索绿色基础设施生态产品价值的实现机制，创新基于绿色基础设施的生态环境导向型开发模式（EOD），满足人民日益增长的优美生态环境需要。

2.3.3.5 探索建立可持续投资运营模式与社会共建共享机制

经济新常态下，我国各级政府财政面临挑战。绿色基础设施作为公共物品，其投资建设运营的可持续性是未来一段时期的关键问题。探索创新绿色基础设施的市场化运营模式、社区参与的共建共享模式是一项重要课题。总体上，我国对于绿色基础设施的运营模式、公众参与、产权制度等方面的研究不多，虽然部分研究提出了社区尺度的"共建花园""社区花园"，但缺乏整体运营模式及制度保障的研究。一些研究讨论了吸引私营资本投入绿色基础设施的思路（孙昕等，2020），但政府和社会资本合作制（Public-Private-Partnership，PPP）、EOD模式在实践过程中仍出现很多难题。其中主要问题在于绿色基础设施的公益属性导致其缺少可持续的运营收益，社会资本的投资回报平衡不足，在当前财政紧缩的条件下全部寄希望于政府财政购买服务的方式并不现实。以美国纽约高线公园（High Line Park）为代表的典型案例采用了政府、社区、社会组织或企业共同合作的新模式，为绿色基础设施的建设运营、投融资模式、社区参与、管理政策、产权制度方面提供了新视野。首先，它解决了运营与持续收益的问题，政府通过特许经营权的出让，让社会组织承担了公园日常运营管理、项目和活动组织策划，实现运营经济收益；其次，解决社会参与、共建共享的问题，通过会员制和相关活动拉近社区居民与绿色基础设施的距离，互动参与性更强；最后，政府财政与管理成本更低，只需用更少资金按期购买绿色服务。整体而言，我国推行的PPP、EOD模式亟待开展更为深入的研究，探索建立完整的可持续投资运营模式与社会共建共享机制。

2.3.3.6　优化构建产学研用链条，提升绿色基础设施服务质量

绿色基础设施从空间战略向实施战术的转变中，需要产学研用一体化联动。在过去粗放式城镇化阶段，绿色基础设施的重点是以保护生态格局为目标的空间规划，这对于城市快速扩张时的土地保护具有战略性作用。但也需要认识到，具备最佳格局并不意味着绿色基础设施就能够提供优质的生态服务，具体设计配置和技术应用对实际生态效益具有重要影响。未来，新型城镇化将更注重存量空间的高质量发展，绿色基础设施的关注点也将从格局规划战略转向空间设计技术。在此趋势下，只有科研、规划、设计、产品、建设、评估、运营等各环节紧密联系与专业合作，形成绿色基础设施的产学研用一体化发展与产业化链条，才能保证技术实施与管理运营的有效性与合理性，保证其发挥生态服务的实际效果。

第三章

绿色基础设施设计
理论与方法

3.1 理论基础

3.1.1 景观生态学

起源于20世纪30年代，兴于80年代的景观生态学是一门源于生态学与地理学的交叉学科，其概念最早由德国学者特罗尔（C. Troll）于20世纪30年代提出。特罗尔认为，景观生态学的概念是由两种科学思想结合产生出来的，一种是地理学的（景观），另一种是生物学的（生态学）；景观生态学表示支配一个区域不同地域单元的自然—生物综合体的相互关系的分析。其理论认为，景观代表生态系统之上的一种尺度单元。景观生态学从研究对象和研究方法上体现着综合、整体等系统论思想。景观生态学将其研究对象视为一个由相互作用的斑块组成、以相似形式重复出现的空间异质性（Spatial Heterogeneity）区域：景观（Landscape）。它以"斑块—廊道—基质"（Patch-corridor-matrix）作为分析语言，通过它们将系统内部各组分有机结合起来，使得"整体大于部分之和"这一系统论的核心思想得以体现。而基于此理论的景观生态规划也是强调如何维持景观单元的异质性，恢复景观生态过程及格局的连续性（Connectivity）和完整性（Integrity）。

景观生态学是构建生态安全格局的基础原理，也是绿色基础设施总体布局的基本理论。生态安全可分为两类：一是强调生态系统自身健康、完整和可持续性；二是强调生态系统对人类提供完善的生态服务或生存安全。总体空间布局上，绿色基础设施主要通过构建生态安全格局保护和恢复生态系统，即应用景观生态学"斑块—廊道—基质"的原理，通过构建生态系统的连通性与完整性，维护自然生态过程，提升生态系统服务。

3.1.2 景观可持续性科学

景观可持续性科学是景观生态学与生态系统服务在可持续性科学的发展。景观可持续性科学是聚焦于景观和区域尺度，通过空间显示的方法来研究景观格局、景观服务和人类福祉之间动态关系的科学（赵文武 等，2014；Wu，2013）。生态系统服务的研究是近20年生态学领域的研究热点（Daily et al.，2008；Hansen et al.，2014；Burkhard et al.，2010），也是地理学、环境经济学等学科的热点和前沿问题（傅伯杰 等，2016）。地球生态系统是人类生存和发展的物质基础。健康的生态系统可以持续提供全面的生态系统服务，满足人类福祉需求（曾德慧 等，1999）。所以，维护生态系统服务是人类社会可持续发展的主要

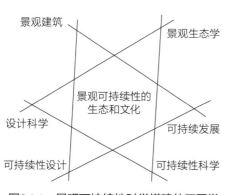

图3.1-1 景观可持续性科学搭建的不同学科联系（来源：Musacchio，2011）

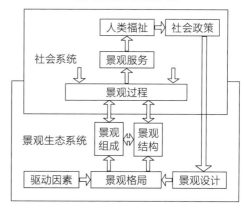

图3.1-2 "格局—过程—设计"新范式（来源：Nassauer et al.，2008）

前提。同时，为实现可持续发展，核心内容与方法是通过维持与保护生态系统来保护地球生命支持系统、恢复综合的生态系统服务（欧阳志云 等，2000）。因此，可持续发展与维护生态系统服务的行动方向和本质内容是一致的（图3.1-1）。

景观可持续性科学是生态系统服务的前沿分支，是景观生态学、可持续性科学的桥梁（Wu，2013）。也有学者认为，景观可持续性科学是建立了设计学科与景观生态学、可持续性科学之间的联系（Musacchio，2011）。景观生态学形成了格局—过程的基本范式，研究聚焦于景观格局和过程的关系，而景观可持续性科学提出了"格局—过程—设计"的新范式，景观设计成为科学理论与景观变化相连接的纽带（Nassauer et al.，2008）（图3.1-2）。德格罗特等指出了景观规划设计与管理在景观过程、格局与景观服务之间的明显联系（De Groot et al.，2010）。景观可持续性是指景观持续提供长期基于景观尺度的生态系统服务的能力，这些服务是维持和改善人类福祉的基础。景观可持续性科学关注景观服务与人类福祉的动态关系，强调景观服务和景观格局间的相互影响，立足解决与景观组成和配置有关的核心问题。景观可持续性科学强调景观韧性，强调通过景观要素的规划设计来维护和提高景观的自我再生能力与抵抗外部干扰的韧性（Potschin et al.，2013；Wu，2013；Cumming，2011）。目前景观可持续性科学的理论方法体系与实证研究并未成熟，将可持续性科学与可持续性设计整合在景观生态学的理论、方法和应用中，是景观可持续性科学的发展方向之一。

3.1.3 恢复生态学

恢复生态学是研究生态系统退化的原因、恢复退化生态系统的技术和方法及其生态学过程和机理的学科，它是应用生态学的一门分支（荣先林，2010）。生态系统是动态的，地球诞生生命之后的几十亿年里，各类生态系统一直处于不断的发展、变化和演替之中。恢复生态学主要致力于那些在自然灾害和人类活动压力下受到破坏的自然生态系统的恢复与重建，它是检验生态学理论的判决性试验。它所应用的是生态学的基本原理，尤其是生态系统演替理论，是指随着时间的推移，一种生态系统类型（或阶段）被另一种生态系统类型（或阶段）替代的顺序过程，是生物群落与环境相互作用导致生境变化的过程。

3.1.4　生态设计学

根据莱恩（Ryn）等的研究，生态设计学定义为一门综合的、跨越微观到宏观尺度的设计学科，它将生命系统与人类设计的界面相连接，统筹绿色建筑、可持续农业、生态工程和其他领域的分散功能，将人类建设对环境的破坏性影响降到最低，实现全社会的可持续发展（Ryn et al.，2007）。生态设计与可持续发展理论相互依存，它为环境危机提供一个整体的回应，在自然、文化、价值观、权力关系和技术之间建立联系。生态设计学主要关注如何将人类需求与对自然环境的保护和可持续性发展相结合，以创造更加健康、舒适、美观的生活空间。它强调考虑生态系统的整体性和复杂性，在设计过程中应用生态技术、方法与材料，从而减少对生态环境的影响，以可持续方式满足人们的使用需求。

生态设计思想的创立与生态学向生态系统层次发展密切相关。生态学最早是研究生物与环境关系的科学。20世纪50年代之后，生态学打破动植物的界限，形成了"综合研究有机体、物理环境与人类社会的科学"，衍生出许多人类生态的研究方向，包括景观生态学、城市生态学、生态设计学等（汪毅，2006）。生态设计的思想起源于20世纪60年代，蕾切尔·卡森的《寂静的春天》从生态系统的角度分析了化学药品对自然环境的破坏，提出利用生物圈食物链的法则维护自然的稳定和平衡。1969年，伊恩·麦克哈格（Ian McHarg）《设计结合自然》（*Design with Nature*）的出版标志着美国生态运动达到了顶峰，该书建立了以地理信息系统（GIS）为分析工具，通过景观生态学的"千层饼"模式来整合科学、艺术和规划等学科体系（McHarg，1969）。1986年，理查德·福尔曼（Richard T. T. Forman）与米歇尔·戈德伦（Michel Godron）联合出版了《景观生态学》，主要研究了景观和生态系统的分布格局，首次提出了"斑块—廊道—基质"模型（Forman et al.，1986）。20世纪90年代，在全球化、后工业化、生态危机的崭新背景下诞生了景观都市主义，景观成为当代城市研究的模型和媒介，其尺度、基础设施的连通性及对环境的影响力均超越了城市营造所遵循的严谨的建筑范式。它通过一种批判性和历史性的视角，重新理解现代主义规划的环境和社会愿景，为将生态设计作为城市设计学科提供了另一种重要的可能（Waldheim，2006）。

近年来，NbS采用近自然和仿自然的应对措施，为解决城市所面临的生态环境问题、提升城市韧性和可持续性提供了新的思路和途径（周伟奇 等，2022）。前人研究认为NbS是响应气候变化灾害的有效策略，强调了利用自然而非高技术工程的成本效益优势（栾博 等，2017a）。生态设计在运用生物工法与材料进行生态保护和生态恢复的基础上，进一步强调通过适应性管理来促进生态的"涌现"，从而设计创造一个复杂的适应系统。这一转变开启了从"生态设计"到"设计生态"的演进，生态设计学认为设计是一种重要的社会行为，更侧重于研究设计对自然环境系统的影响，以及如何通过设计途径引导、修复和重建生态系统，促进生态系统的优化演进，并更好地发挥其生态服务功能。

3.1.5 人居环境科学

18世纪中叶，西方工业化和城市化快速发展。19世纪末，为了应对城市人口激增、环境资源破坏引发的各种城市问题，规划先驱们提出了"田园城市""区域规划"等理论思想，城市居住环境的观念逐渐受到关注。20世纪五六十年代，希腊学者道萨迪亚斯（C. A. Doxoadis）提出了"人类聚居学"（Science of Human Settlements），突破了建筑与城市问题的局限和城市管辖区域的限制，把城市看成一个许多互相连接的聚落所构成的城市体系，探讨城市与乡村聚居的客观规律，以指导人们的城乡建设活动。人类聚居学是以人和经济、社会、政治等关系为前提的所有人类聚居有关的科学，目标是建设良好的聚居环境。这是人居环境科学的起源。

我国自20世纪90年代以后城镇化快速发展，环境保护与经济发展的矛盾日趋显著。1993年，吴良镛院士结合我国实际情况发展了"人类聚居学"，在广义建筑学的理论基础上，以处理人与环境的关系为重点提出了人居环境科学。2001年，人居环境科学的理论体系逐渐成熟。人居环境科学是研究人类聚居行为的科学，可分为居住系统、支持系统、人类系统、社会系统和自然系统五大系统。多层次、多角度揭示了我国城镇化进程中的人居环境问题，以城市规划、建筑、园林为主体学科，沟通、拓展相关的学科领域，建立包括自然科学、技术科学与人文科学相融合的新人居学科体系。

从生态系统角度出发，城乡人居环境本身是一个由社会、经济、自然子系统相互作用形成的复杂耦合体，可持续发展的人居环境应具备三者相互协同的条件（王如松 等，2012）。我国著名生态学家马世骏创立了社会—经济—自然复合生态系统理论，指出生态环境与城市发展的矛盾与协调是复杂系统问题，不能单一地从社会、经济或生态等方面进行分析，而应从社会—经济—自然复合生态系统的整体观出发，研究各子系统之间纵横交错的相互关系（马世骏，1981）。通过结构整合和功能整合，协调社会—经济—自然三个子系统的耦合关系，才能实现社会、经济与环境间复合生态关系的可持续发展（王如松 等，2012）。

从城市发展视角出发，20世纪60年代以后，城市人居环境问题逐渐成为全球关注的热点。联合国1976年、1996年和2016年分别召开了三届大会（简称"人居一""人居二""人居三"），每隔20年回顾和展望人类聚居（Human Settlements）和住区（Housing）问题，不断探索全球人居环境的可持续发展问题，并提出未来的解决方案与行动倡议。这些会议有效推动了人居环境学科的理论建设与研究发展。其中，1996年召开的第二届联合国人类住区会议（简称"人居二"）又被称为"城市高峰会议"，大会通过了《人居环境议程：目标和原则、承诺和全球行动计划》，提出了人居环境科学发展的一套评价指标体系和评价标准，将改善人居环境问题上升为全球性的奋斗纲领（吴良镛，1997），对人居环境科学逐渐发展成为综合性学科群具有推动作用。2016年，联合国住房与城市可持续发展大会（简称"人居三"）发布了《新城市议程》，旨在帮助实现《2030年可持续发展议程》中的目标11"建设包容、安全、有抵御灾害能力和可持续的城市和人类住区"的愿景，有助于实现《巴黎协定》有关气候变化的目标。加强城市降低灾害风险和影响的能力（城市韧性）、减少温室气体排放、采取有效行动应对气候变化成为这次大会提出的有关人居环境可持续发展的最新倡议与重要行动。

3.2　绿色基础设施的设计范式

范式（Paradigm）是由美国科学哲学家库恩于1965年提出的概念，指科学共同体在某专业领域具有的共同信念，以此形成的一系列基本观点、理论和方法的总和（吴志城 等，2009）。范式转换（Paradigm Shift）是新范式为了解决旧范式存在的缺陷和问题而变革转型的过程（温全平，2009）。

不同尺度的绿色基础设施的构建范式区别较大，总体上可分为区域尺度的规划范式与城市、场地尺度的设计范式。两个尺度的范式并非截然分离的，而是相互间存在着密切的联系和影响。从农业文明时期的花园和园林，到工业文明时期的城市公园和绿地系统，再到生态文明时代的生态格局网络，绿色基础设施的发展是从孤立的花园或公园发展到跨尺度、网络化的复合自然系统。随着系统复杂性和尺度复合性的增加，绿色基础设施构建范式也从主观、艺术、感性的小尺度园林绿化设计发展到客观、科学、理性的多尺度与多目标的规划设计。

不同时代背景下，人类社会需求和科技发展水平也影响着绿色基础设施技术和建构范式的演变。早期中外园林设计是为皇家、贵族、文人彰显权力或个人审美偏好服务的，因而主要以主观化、艺术性造园手法来获得空间的形式感或意境感。

19世纪末到20世纪初，工业革命推动城市化，引发了公共卫生和环境问题，以为社会公众服务、改善城市环境状况为目的的城市公园和公园系统应运而生。此时的设计方法虽结合了朴素的城市环境改善思想，却仍依靠设计师的主观经验，尚未运用科学方法，景观设计专业初具雏形。

20世纪60年代，随着二战后工业化、城市化进程的加快，环境污染形势严峻，环境公害事件在世界各地不断发生，反思人类中心主义的环境保护运动兴起。这一时期，地理学、生物学和生态学理论快速发展，相关方法融入并促进了城市规划学、景观设计学（风景园林学）的发展，规划设计的关注对象从城市内的公园或公园体系，扩展到区域尺度的景观生态系统，并开始在规划过程中运用科学方法进行理性分析。基于"调查—分析—规划"框架和叠图分析技术，对垂直自然过程进行适宜性分析的"千层饼"模式，推动了生态规划范式的形成，开启了生态决定论和纯粹理性规划的时代。

20世纪90年代，电子信息技术快速发展，计算机的普及促使系统论、3S技术[1]等理论方法相继发展。借助技术进步，生态系统层次的研究得以广泛开展，各类生物流、物质流的水平生态过程得以通过模型被科学模拟。"廊道—斑块—基质"的景观生态学范式成为主流的规划方法，促成了基于景观安全格局的景观生态规划，土地保护与城市发展间可辩护的博弈决策过程纠正了唯生态论和机械理性规划的弊端。

21世纪以来，气候变化、生物多样性降低、环境资源约束等复合型问题和不确定性的挑战加剧，人类与自然系统相互作用的耦合机制成为可持续发展的关键。强调自然系统与人类系统的相互作用，注重生态、社会和经济多维度协同的"格局—过程—服务—可持续性"景观可持续性范式，逐步替代只关注地理空间格局和生态过程的传统景观生态学"格局—过程"范式。同时，在数字化和信息化的浪潮下，人工智能、大数据、云计算与物联网等新兴技术不断涌现，在融入调查、设计、建设、运营、监测、评估和反馈的全过程中，推动了动态迭代的适应性规划设计范式的发展，改善了绝对理性规划和精确控制设计的不足，为应对不确定性提供新途径。

3.2.1 主观经验设计范式

工业革命和近现代城市发展以前，中外皇家园林或私人花园设计都是经验式的，服务于帝王、贵族或文人等少数人的审美偏好。初期工业化和城市的迅速崛

---

① 3S技术即地理信息系统（GIS）、遥感（RS）、全球定位系统（GPS）。

起带来严重的城市公共卫生和环境问题，人们期望通过绿色空间改善城市环境，创造城市中的公共生活和美化空间。

1858年，奥姆斯特德（Frederick L. Olmsted）和沃克斯（Calver Vaux）设计的纽约中央公园是首个真正意义上的城市公园。1895年建成的波士顿"翡翠项链"将孤立的城市公园连接起来，形成连续、完整的公园系统，尝试将自然景观引入城市，开启了城市公园系统和绿地系统建设，成为城市绿色基础设施的先河。19世纪下半叶，欧美掀起了城市公园建设的高潮，在近现代城市中促进了人与自然的融合。这一时期，不同于花园或私家园林设计，城市绿色空间设计开始作为解决社会矛盾与城市问题的途径，服务对象也由少数人扩展到大众。这个时期的生态学、地理学理论尚未发展，公园规划设计并没有运用相关原理方法，设计师仍在一定程度上沿用造园方法，依靠主观意识和朴素生态思想营造绿色公共空间。因此，城市绿色空间规划具有较明显的主观随意性。设计师的经验和审美偏好对于设计结果有决定性的影响，起到表面美化装饰作用。另外，城市公园绿地往往在城市用地中采用填空式建设，缺少前瞻性布局规划，实际解决城市环境问题的作用有限。

3.2.2　调查分析规划范式

随着现代城市发展和经济社会活动的加速，基于园林、花园和早期城市公园的主观经验式设计方法不足以支撑城市及区域规划中的土地保护与利用问题。查尔斯·埃利奥特（Charles W. Eliot）、帕特里克·盖迪斯（Patrick Geddes）和劳伦斯·哈普林（Lawrence Halprin）等人先后提出了基于理性分析的景观规划方法，逐步摆脱了主观经验式设计的局限（于冰沁，2013）。1893年，查尔斯·埃利奥特在大波士顿都市区公园体系规划中提出了景观调查分析方法，首次将叠图技术应用到自然生态系统的规划实践中，将公园绿地设计从艺术化的经验性空间营造提升到了科学性和生态化的层面，这也为"千层饼"模式和土地适宜性分析的形成奠定了基础。20世纪初，美国风景园林师沃伦·曼宁和苏格兰生物学家帕特里克·盖迪斯结合地理学、生态学理论，将景观分类和系统分析作为土地利用的依据，并在分析自然、经济、文化信息的基础上筛选有效的因素和景观单元，以确定景观调查与分析的逻辑结构，强调风景园林设计的前提是对区域自然景观资源、人类活动趋向、经济结构及文化积淀等相互关系的系统分析与理解。帕特里克·盖迪斯将自然生态区域作为基本规划单元，关注景观特征与社会过程之间的联系，创造性地提出"调查—分析—规划"的逻辑框架。其后，劳伦斯·哈普林在此基础上融合了生态学原理，将生态调查与评价作为规划设计的基本前提，完善了景观系统调查与分析的生态学工作方法。

3.2.3 基于垂直生态过程的"千层饼"生态规划范式

20世纪60年代,"生态规划之父"伊恩·麦克哈格在埃利奥特、盖迪斯、哈普林等人调查分析框架的基础上,提出了基于垂直生态过程的"千层饼"模式和土地适宜性分析方法,成为开展区域生态规划的标准范式。麦克哈格强调把人与自然系统结合起来考虑规划设计问题,认为景观设计需要依靠多学科方法来应用于土地利用和生态管理。1969年,麦克哈格出版了《设计结合自然》,提出了"千层饼"模式,其包含3个方面:①核心生物物理元素的场地调查与规划地图绘制;②对生态人文信息的调查、分析与综合;③基于适宜性分析的"千层饼"方法。这一模式可以阐述生物因素与非生物因素的垂直过程,即根据区域自然环境与资源禀赋,通过矩阵、兼容度分析和排序结果来表达生态规划的最终成果,确保土地的开发与人类活动、场地特征、自然过程的协调一致(于冰沁,2013)。该模式的核心是在生物物理要素的基础上进行景观分析和规划,以获得对静态垂直自然过程的尊重和把握。至此,以感性认识和理性表达为主体的园林设计范式逐渐转向了科学技术占据主导的生态规划范式。

"千层饼"模式也存在一些缺陷。土地景观中的生态过程包括垂直生态过程和水平生态过程:垂直生态过程描述的是某一地域单元内的地质、水文、植被和动物群落等要素间的垂直叠加;水平生态过程则是发生在景观单元之间的流动或相互作用,如物种的空间运动、干扰和灾害的空间扩散。这些空间动态很难通过"千层饼"模式来表达。另外,麦克哈格的方法具有"生态决定论"和"技术决定论"的倾向,是一种强调绝对理性的规划方法,决策过程中缺乏人与自然相互作用的可辩护性博弈。

3.2.4 基于水平过程的景观生态学范式

20世纪80年代后,斯坦尼兹提出了"多解生态规划法",通过"自上而下"和"自下而上"结合的六步关联模型,使生态规划方法由单一目标、线性结论的思维方式转向了多解的途径,也由单一的生态因子决定模式转向了多方面利益与因素综合的决策过程;1980年,弗兰德里克·斯坦纳提出了包含11个步骤的综合性生态规划框架,发展和修正了麦克哈格的"生态决定论",使生态规划方法从线性过程转向了综合分析;20世纪80年代末,捷克斯洛伐克生态学家和鲁兹卡及米克鲁斯在实践中逐步形成比较成熟的景观规划理论和方法体系——"景观生态规划"(LANDEP),使生态学规划方法从生态学途径迈向了景观生态学途径。LANDEP的核心内容是对区域生物及非生物条件、景观结构、生态过程和人类活动及其影响进行全面的调查、分析和评价,再将各空间单元与特定区域的土地利用需求进行比较，就其适宜程度展开评定，并根据景观生态学的原理提出最优的土地利用建议。1986年，理查德·福尔曼（Richard T. T. Forman）和戈德恩（Godron）在《景观生态学》（*Landscape Ecology*）一书中提出"斑块—廊道—基质"（Parch-corridor-matrix）模式，奠定了景观生态学的基础。其后，福尔曼又提出"土地镶嵌体"（Land Mosaics）概念，将土地上相互作用的生态系统斑块所形成的复杂系统看作一个镶嵌体。在"土地镶嵌体"的模型中，异质性斑块（如林地、草地、灌木丛、河流和村庄等）通过动植物、无机物、营养物质和水分等各种物质和能量的流动而相互联系，而在这些联系的作用下，景观自发呈现出有限类型的空间镶嵌模式，即景观格局（Forman，1995）。常见的景观格局可抽象为有限的节点（Node）和连接（Linkage）组成的网络结构。

基于"斑块—廊道—基质"范式，衍生出景观安全格局（俞孔坚，1999；Yu，1996）、格局—过程—服务—可持续性（Termorshuizen，2009）、格局—过程—设计（Nassauer，2008）等模型。这些景观生态学范式强调了景观中的各种动态联系和水平流动，补充和发展了麦克哈格依据平衡态假设和适宜性评价的不足，突破了"千层饼"模式的环境决定论，承认信息和知识的有限性，将规划作为可辩护博弈的决策过程，是利用最少空间的关键性保护获得最大生态安全的防御性战略。以"斑块—廊道—基质"为范式原型，生态网络（Ecological Network）、生态廊道（Ecological Corridor）、野生动物廊道（Wildlife Corridor）、栖息地网络（Habitat Network）、绿道（Greenway）和生态基础设施等强调连接或连通性的规划方法得以快速发展。相对于城市公园早期的经验式设计，生态规划在理论与技术上有了极大的提升，已不局限于对城市进行填空式的见缝插绿，而是运用多学科方法对整体土地利用与格局进行科学理性的分析，是一种主动式前瞻性的规划方法，期望从土地利用空间格局的本质上解决城市环境问题和社会问题。

3.2.5 复合生态系统和设计生态范式

景观生态学重视土地格局上的生态过程与动态联系，研究对象逐步从生态系统扩大到社会—生态复合系统。城市生态学（Urban Ecology）逐渐成为景观生态学研究的重要领域。20世纪后半叶以来，城市生态学的复杂性和范畴也在发展，从"城市中的生态学"（Ecology in Cities）到"城市生态学"（Ecology of Cities）与"为了城市的生态学"（Ecology for Cities）（刘京一，2018）。同时，在景观生态学整体论（Holism）的影响下，整体人类生态系统（Total Human Ecosystem）（Naveh，2000）、人类世生态系统（Novel Ecosystem）、人类世城市生态系统（Novel Urban Ecosystems）（AHERN，2016）等概念不断发展。

　　在城市生态学和相关理论思想的影响下，景观都市主义（Landscape Urbanism）、生态都市主义（Ecological Urbanism）得以衍生发展（莫斯塔法维 等，2014）。这些范式强调，以人类活动为主的城市环境中包含的物质、过程、活动、事件以及管理决策机制等，都可以用"生态"框架来解释。城市可视为一个生态系统，正如自然过程、流动和循环是维持生态系统结构和功能的保障，城市系统运行过程中的物质、能源、资本、信息、人员、货物等的各种"流"不仅构成了城市内部联系的通道，也是城市与城市之间、生态系统与其他系统之间相互联系的渠道。生态都市主义要求生态规划设计不局限于模仿或保护自然，而是通过适应性管理来促进生态"涌现"，创造一个复杂适应系统（刘京一，2018）。也有学者将这种观念总结为从"生态设计"到"设计生态"的转变（Lister，2007）。近年来，这种从"生态系统"到"复合系统"的范式转变，将单纯的生态主义方法逐渐演化到生态学与设计学的结合。生态都市主义将城市视作由建筑、景观、人和自然构成的特殊生态系统，以生态学及伦理学为基础解决城市问题，并关注社会环境公平性和景观的平等使用权，建筑学、城市规划学、景观设计学、环境和生态伦理学等多学科在此达成了共识。

3.2.6　应对不确定性的适应性范式

　　21世纪以来，随着气候变化引发的灾害风险加剧，人类社会和城市面临的不确定性显著增加，追求确定性控制的工程学途径在绿色基础设施设计中经常失效。不同于建筑空间，以自然生命要素为主体的绿色基础设施充满了自然演替的不确定性，设计时完全掌控全过程状态是不现实的。另外，外部不确定性因素复杂，难以准确预测发生的时间和量级。因此，期望通过一次性的静态化设计对绿色基础设施的全生命周期进行终极控制是不合理的。目前，以响应气候变化为目标的韧性城市范式受到广泛关注（汪辉 等，2019；Jabareen，2013）。

　　近年来，由生态系统和自然资源管理发展而来的基于自然的解决方案（NbS）在响应气候变化和其他不确定性问题中备受关注。城市绿色基础设施是NbS在城市尺度的主要结构性措施，是城市刚性物理空间中天然的柔性缓冲器，其具备的复杂性、自适应性和自组织性等生态系统特征，是应对不确定性、提升城市韧性的本质与关键。

　　适应性途径能优化绿色基础设施资源配置，促进其韧性效应。相较于确定性规划和控制，适应性途径需要为应对变化和促进转型而做好准备并创造机会（朱黎青 等，2018；陈崇贤，2014）。因此，适应性设计需承认掌握知识和信息的有限性，将不确定扰动视作学习和修正的机会（Luan et al.，2020；丁戎 等，2023）。适应性管理是NbS的主要方法，该方法由霍林（Holling）在1978年首次提出，旨在通过动态调控促进生态系统自调节、自适应与自组织能力，有效应对生态系统的内在复杂性、不可预测性和不确定性，规避了基于控制论和静态平衡原理的传统生态管理方法的缺陷。21世纪以来，适应性管理开始利用自然系统响应气候变化等外部不确定性扰动。NbS中发展了适应性管理的方法：世界银行提出了计划、设计、实施、监测、评估、适应调整的六步循环过程模型；雷蒙德提出以监测评估为中心的循环式NbS评估框架（Raymond et al.，2017）；内斯·霍弗以平衡环境、社会、经济为目标，构建了整合多领域的NbS设计实施动态过程框架（Nesshover et al.，2017）。

绿色空间适应性设计方法的探索实践逐步增加，尚未具有成熟范式。目前，以极端气候灾害应对为主要目标，多以确定性的静态成果来适应扰动。许多学者通过具体景观案例，探索了响应灾害风险的适应性设计实践（朱黎青 等，2018；王峤 等，2017；陈崇贤，2014；陈碧琳 等，2019；周艺南 等，2017；栾博 等，2017b）。动态修正是促进循环演进以提升景观系统韧性的关键，强调将不确定性扰动和变化作为促进创新的机会，成为适应性设计的新方向。在理论研究方面，加藤（Kato）和埃亨（Ahern）提出"边学边做"（Learning by Doing）的适应性设计理论框架，整个设计类似科学实验，将不确定性作为学习创新的机会，对设计全过程进行监测并及时反馈，以"边学边做"的方式来动态修正方案（Kato et al.，2008）；埃亨进一步发展了适应性设计的六步骤框架模型，包括设定目标计划、优选目标、设计实验、确定测量指标、监测评估、应用成果，用于指导科学家、设计师、利益方等共同参与的实验型设计（Experimental Design），这一模型有待进一步应用反馈和实证研究支持（Ahern et al.，2014）。在实践方面，美国旧金山湾盐沼修复、纽约"新生命公园"，瑞士艾尔河修复，我国西沙鸭公岛等适应动态过程的韧性景观案例具有典型性（王敏 等，2017；李雅，2020；Bajc et al.，2018）。目前，这些实践和理论研究初步展现了动态适应性方法对促进韧性的有效性，尚有较大发展空间。

基于文献研究和实践总结，作者曾创建了全周期迭代演进的适应性过程范式，强调过程管理和动态优化、全过程监测评估、迭代循环和学习演进（Luan et al.，2020；丁戎 等，2023）。每个循环周期分为识别诊断、设计决策、建设实施、运营监测、评估分析、信息反馈六个步骤，在时间维度上循环迭代形成全周期过程管理（图3.2-1）。与线性过程不同，绿色空间系统在循环中得以不断学习演进，实现动态优化的韧性提升，全周期增汇减排，从而更为有效、协同地应对各类扰动和压力，趋近可持续性状态。此概念模型尚为理论探索，未来需要通过更多完整的实例设计应用进行检验、修正和完善。

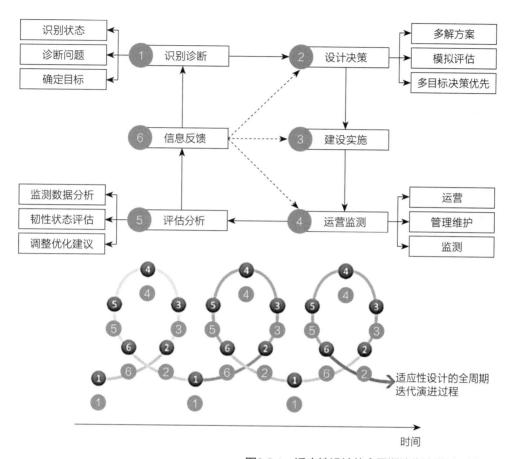

图3.2-1 适应性设计的全周期迭代演进过程模型

3.2.7 面向未来的范式转型

绿色基础设施的设计范式随着社会需求变化、科技水平提高而发展演进。设计维度从服务人性需求发展到生态决定一切，再发展到对生态—社会复合系统的人文与生态综合决策；设计方法从主观经验的感性表达发展到纯粹客观理性的唯技术论，再发展到多解过程的综合博弈。可以看出，设计范式在人与自然、艺术与科学、感性与理性的交替中螺旋上升发展。

未来，面对气候变化带来的不确定性，绿色基础设施亟待新一轮设计范式的创新，以更好地发挥其增强城市韧性的功能。当前，基于工程学静态化的确定性控制将不适用于以自然生命体构成的绿色基础设施，基于生态—社会复合系统的动态化适应性范式将逐渐发展。通过表3.2-1对韧性设计范式的转型和比较可知，其设计前提、目的、方法、过程及结果均明显不同。新范式的基本前提是承认掌握知识和信息的有限性、接受不确定性和不可控性，将扰动视作学习和修正的机会。适应性范式立足于生态学思维，将设计视为过程而非结果，通过动态资

韧性设计范式的转型和比较   表3.2-1

	传统范式	韧性范式
前提假设	掌握充足知识, 具备全面信息; 一切确定且可控制; 扰动和变化是不利的危险	承认知识的有限性, 承认信息的不完全性; 接受不确定性、不可预测性; 扰动和变化是演进的机会
理论基础	工程学	生态学
基本目的	增强可控性	提高适应性, 多功能协同
	单目标	多目标
途径方法	人工准确管控	辅助系统自组织、自调节
	抵抗失败, 集中对抗风险	包容失败, 系统分担风险
系统状态	静态、稳定、均衡	动态、演进、非均衡
设计过程	线性	循环
设计成果	结果、终极蓝图	过程、持续管理

源配置和适应性管理辅助自然做功, 促进韧性演进, 在变化扰动中保持学习创新的能力。新范式通过引导和促进系统自适应性来应对不确定性, 利用复杂性和多样性提升生态系统服务和韧性绩效 (表3.2-1)。

需要强调的是, 新范式并非全盘否认确定性控制, 局部的确定性设计非但不影响整体系统的自适应性, 反而是韧性效能的必要支撑。城市绿色基础设施既是基于自然的解决方案 (NbS), 也是为城市居民提供游憩、健康、文化、审美等多种生态服务的城市绿色空间。因此安全、宜人的空间场所是绿色空间的必要元素, 确定性的工程建构不可或缺。韧性设计需要协调稳定性与适应性, 才能促进多目标协同。

3.3 城市绿色基础设施的设计原则

未来, 推进高质量建设绿色基础设施需要在设计层次上应用合适的设计方法与原则。通过梳理设计范式发展和总结实践案例经验, 提炼出连通性、亲自然性、韧性演进、减排节能、固碳增汇、刚柔并济、协同兼容、多样共享、投入产出和系统冗余10项设计原则。

3.3.1 连通性原则

连通性和完整性是保障绿色空间发挥生态功能的基础。连通的完整性网络能够维护各种自然生物和非生物过程（运动和流），促进生态系统健康，这是维护生态结构和功能的关键指标。在实际案例中，从以美国波士顿"蓝宝石项链"为代表的公园系统开始，连通性的价值已被认知。20世纪90年代以来，绿色基础设施规划实践中将连通性视为基本原则，在美国马里兰州"绿图计划"、《纽约绿色基础设施》规划、我国北京生态安全格局等诸多案例中均有体现。

3.3.2　亲自然性原则

人与自然和谐共生是推进中国式现代化的本质要求之一。城市绿色空间是为城市居民提供自然服务的绿色基础设施，亲自然设计尤为重要。亲自然性具有两层含义。一是以自然恢复为主，尽可能地利用自然生命要素的自适应性，增强整体系统韧性，主要方式有：使用有生命的材料或可供生命有机体生长的技术措施，如活体柳条树桩、生物性护岸、潜表流湿地、雨水花园、可呼吸生态墙、绿色屋顶等；使用生物友好型的配置形式，如利于鸟类栖息觅食的植物群落等。二是指尽可能为人们创造接触、体验和感知自然的机会，包括利用和借鉴自然的物质要素（阳光、水、风等）、材料、形式、状态等，典型案例有浙江利欧企业园区绿地、陕西渭柳湿地公园、新加坡碧山公园等，通过亲自然设计，在解决环境问题的同时，为人们提供了深度接触和体验自然的机会。

3.3.3　韧性演进原则

在变化和扰动中不断学习、演进是城市绿色空间作为自然解决方案的韧性能力的体现。通过全过程的动态迭代管理可以促进绿色空间的学习演进，更好地辅助和引导自然做功，将外界扰动转化为创新机会。瑞士艾尔河、陕西渭柳湿地公园是代表性案例，其设计以促进动态演进为前提，让整体景观在学习和演进过程中自我调整。设计建构是引导自然力的"舞台"，而非不可改变的确定性结果；自然扰动也不再是不利因素，而是促进动态演进的机会。人与自然力量共同作用，逐渐塑造景观。

3.3.4　减排节能原则

在绿色基础设施建设的全周期过程中，从原材料获取、运输，到设计、建设和运营维护，减排节能十分重要。实现近零碳或零碳排放，主要有减量化和去碳化两方面。一是减少化石能源的使用量，降低资源消耗，提升资源循环再生；绿地建设、维护管理过程中能源的减量与循环是源头减碳的关键，也是提高能源使用效率的重要途径。二是能源的无碳化替代，即尽可能地用太阳能、风能、绿色电能等非碳能源替代化石能源，减少非必要的化石能源消耗。

3.3.5　固碳增汇原则

通过设计配置与管理养护方法，提升生态系统固碳增汇的能力，主要包括植物、土壤的固碳增汇。植物增汇主要通过促进生态系统恢复、增加植被面积、合理配置群落物种等措施，构建高生物量、高碳汇型和高稳定性的植被群落，增强植被光合碳吸收和固定的能力；土壤固碳主要是抑制土壤有机碳矿化分解，提高土壤或沉积物的碳封存能力，减少土壤CO_2的排放。

3.3.6　刚柔并济原则

刚柔并济是指刚性防御和柔性吸收并举，在整体适应性中创造局部确定性空间。柔性的自然系统是持续演进、适应扰动的基础，而刚性的防护工程则是坚固性和稳健性的保障，使绿色空间在微小波动中不至于立即变形。在自然空间中应尽量让自然力发挥主导作用，在使用空间中通过确定性控制来保障安全与休闲功能，如美国波特兰南部滨水空间生态堤岸、哈尔滨群力湿地、杭州江洋畈生态公园等。

3.3.7　协同兼容原则

协同兼容是指绿色空间应能够兼容多种时态的不同需求和功能。在常态下，城市绿色空间可提供多种生态服务，兼顾经济、社会和环境效益；在应急响应中，绿色空间不仅可减缓、吸收和消纳洪水等自然过程扰动，还可作为地震、疾病等突发灾害的应急避难及救援空间。美国波特兰唐纳德溪水街心绿地、纽约曼哈顿BIG U滨海空间改造、法国巴黎马丁·路德·金公园、深圳泗马岭河道生态修复等案例，通过协同设计兼顾了常态服务与应急响应，平衡了经济成本、社会价值和环境效益。日本的城市公园中均配有完善的应急救援设施，成为兼顾防灾避灾与日常休闲的典范。2020年新冠疫情发生后，美国纽约中央公园等一些大型公园成为临时方舱医院或检测点，体现了城市绿地的兼容性。

3.3.8　多样共享原则

多样共享能够促进绿色空间的景观系统更具复杂性和耐受力，在胁迫和干扰中拥有多样化的调节、应对能力和多重可能性备份，从而使系统不会在外力影响下退化或失效。因此，多样性也是稳健性、冗余性的基础。其中，生物多样性最为重要，可以使生态系统具备适应污染胁迫、控制疾病传播等应对多种胁迫的能力，是绿色空间发挥生态系统服务、发挥生态韧性的基础。

与之类似，资源配置的多样性也能有效促进系统复杂性，增强自组织、自适应的能力，进而稳健、坚韧地应对各种变化和突发情况。例如，在绿色空间海绵设施配置中，采用"源头—过程—末端"多样化组合，可以分散暴雨压力，比任何单一技术配置都更高效。

此外，社会和经济多样性也有助于提高可持续性与风险应对能力。多元参与的共商共建、共享共治模式可以加强社会关系、增进社区凝聚力，而多样化的投融资及收益渠道可以减轻绿色空间建设运营的经济压力，实现可持续运营。例如，上海的社区花园系列实践、纽约高线公园、伦敦达尔斯顿东部曲线花园等项目，通过多元参与和自组织途径，培育和形成了社区绿色空间，在社会组织形式、经济运营方式等方面展现了多样性。

3.3.9　投入产出原则

投入产出原则也可以理解为设计需要追求成本效益最优。低成本、高效益是基于自然解决方案（NbS）的最大优势。首先，低成本、节约型绿色空间建设是前提，更多地使用亲自然、有生命的材料比人工建材更具成本效益优势。其次，绿地应是生产者而非消费者，主要体现在两方面：一是依靠自然途径增加生态服务供给，如利用湿地净化尾水，为城市提供可用于灌溉的再生水资源；二是适度增强绿地生产性，丰富社会生活，如在应急状态下，欧洲国家、美国及日本的份地花园或社区花园。可广泛开展农业生产以解决应急之需。

3.3.10　系统冗余原则

绿色空间设计中需适度重复配置具有相似功能的备用设施和组件模块，发挥分散风险的作用。例如在雨洪事件发生时，分散式、分区化、模块化雨洪管理系统的总系统可发挥整合协同效应，分区子系统可分散压力和风险，即使局部失灵也不会威胁全局安全。美国纽约曼哈顿的BIG U滨海空间改造案例通过模块化分区，在堤岸绿色空间构建一系列类似船舶分体舱的"隔室"，即使一处失效也不会影响整套系统的安全。

第四章

绿色基础设施
技术前沿进展

近年来，随着学科领域间交叉合作的不断增加，绿色基础设施技术研究前沿的细分趋势明显，主要进展集中在应对气候变化、增强城市韧性、促进健康、改善空气质量、提升雨洪调节净化能力等方面。

4.1　增强韧性与适应气候变化

绿色基础设施能够减缓和适应气候变化的影响，研究表明其具有固碳减排、缓解热岛效应、削减洪峰、改善水质和空气质量等作用显著（Demuzere et al.，2014）。全球20个国家（地区）的案例研究表明，绿色基础设施和基于自然的解决方案（NbS）是响应气候变化的有效策略（Lafortezza et al.，2018）。绿色基础设施能够有效增强城市韧性，是应对气候变化影响的适应性途径。一些综述研究表明，以绿色基础设施或绿色空间为对象的城市韧性研究尚存在不足，与其对城市建成环境的韧性贡献并不匹配（林沛毅 等，2018；刘志敏 等，2018）。绿色基础设施的韧性作用体现在对常态压力的缓解和对急性扰动的适应能力上。其中，常态效益是对"灰犀牛"式的长期压力发挥缓解作用，主要表现在调节局地气候、改善生态环境等方面，是城市可持续发展的基本保障；应急响应能力是对"黑天鹅"式的偶发极端事件（如洪水、暴雨等）的抵御、吸收、恢复和适应（Luan et al.，2020）。目前，绿色基础设施的韧性研究集中于急性扰动和极端灾害的适应方面。绿色基础设施能够利用生态格局优化控制土地利用，增加绿色空间面积，应对各类自然灾害（刘峰 等，2019），还能够控制调节区域水文状态（Spatari et al.，2011；Gill et al.，2007；Ellis，2013），利用绿色屋顶、生物滞留池、植草沟、透水地面等雨洪管理技术减少地表径流，从而削减峰值、缓解洪涝危害（Demuzere et al.，2014；Hunt et al.，2008；Clausen，2007）。整体的城市绿地空间结构和单项的绿色基础设施技术均能提升城市抵御洪水和海啸、应对高温热浪冲击的能力（蒋理 等，2021）。沿海城市的红树林、湿地、沿海防风林等生态系统可以降低海啸、风暴潮的冲击（刘达 等，2015；Tanaka，2009）。绿色基础设施缓解持续性压力的韧性研究，大多在评估气候、水文、生态和环境效益等方面的研究中独立开展，面向全生命周期的整体韧性研究不多。例如，城市绿地植被可以通过蒸发、蒸腾和遮蔽作用降低城市温度，改善气候变暖趋势下的城市热环境（Cameron et al.，2012；Bowler et al.，2010）；通风绿廊也可以改善城市风环境，提升城市气候适宜性（方云皓，2021）。有学者开始关注绿色基础设施在全生命周期中的韧性表现，评估特定绿色雨水设施技术在材料获取、运输、建设、运营过程中的常态化环境效益与经济影响，有效支撑了设计决策与规划管理（Flynn et al.，2013；Wang et al.，2016）

一些研究为绿色基础设施的长效韧性提供了借鉴，包括景观绩效（王云才等，2017；罗毅等，2015）、公共健康（Tzoulas et al.，2007）、生态系统服务及景观服务（De Groot et al.，2010；Wu，2013；颜文涛等，2019）等，但完整而系统地针对绿色基础设施开展应灾韧性与减压韧性的评估研究较少，尤其缺少对全周期过程中其他突发性事件（如公共卫生安全）和持续性压力（如环境资源约束和生态退化胁迫）的全面评估研究。

4.2 减排增汇与减缓气候变化

绿色基础设施通过直接或间接的途径主动缓解气候变化。直接途径是通过植物光合作用吸收CO_2和土壤固碳（Nowak et al.，2002；Pouyat et al.，2006），不同绿地类型与景观格局会影响城市绿色基础设施的碳汇能力（洪歌等，2023）。Wei S 等指出植被景观格局对植被碳汇的相对贡献约为85%（Wei S et al.，2021）；李和平认为碳汇用地的景观形态、构成、分布对植被固碳存在显著影响且存在地区差异（李和平等，2023）。间接途径是指绿色基础设施通过降温来减少能源消耗（张彪等，2021），实现温室气体减排（丁戎等，2023；丁俊杰等，2022）。美国相关研究表明，城市树木实现降温作用的年减排量可能是其年固碳量的0.3~4倍，如萨克拉门托市在不同排放因子条件下，城市树木的年减排量与其年固碳量比值可为1∶3~1∶1（Mcpherson，1998）。有研究预测，1×10^8棵城市树木在未来50年间的碳减排量（2.86×10^8t）可达其碳储量（0.77×10^8t）的4倍左右（Nowak，1993）。

4.3 改善空气质量

绿色基础设施能够在一定程度上缓解空气污染，主要从空间布局和植物配植两方面发挥作用。一方面，通过布局构建通风廊道，增加污染物疏散的有利条件（Ng et al.，2011；Pugh et al.，2012；张云路等，2017），同时通过绿化覆盖率的提升、植被群落结构和绿地空间格局的优化，降低颗粒物浓度（戴菲等，2018；陈明等，2020；佘欣璐等，2020；刘双芳等，2020）；相关的研究已在德国斯图加特、日本东京都以及中国的北京、上海和武汉等地开展，并取得一定成效（日本建筑学会，2002；Baumueller et al.，2009；翁清鹏 等，2015）。另一方面，植物在改善空气质量中起着不可替代的作用（Prajapati et al.，2008；赵松婷 等，2013），主要表现为：①植物叶片具有特殊表面结构和功能，有利于阻滞粉尘（刘艳琴，2006；李超群 等，2015；闫倩 等，2021）、抑制细菌生长（谢久凤 等，2021；沈鑫 等，2018；刘凤辰 等，2022）、吸附大气污染物（Prajapati et al.，2008；廖莉团 等，2014；Leonard et al.，2016）；②植物叶片尖端放电以及叶片光合作用产生光电效应，使空气分子产生负氧离子，改善空气质量（Jovan，2001；Wu et al.，2006；彭新德，2014）。值得注意的是，植物释放的植物源挥发性有机物（BVOCs）是挥发性有机物（VOCs）的主要组成部分，是引起近地表臭氧污染、增加大气氧化性的因素之一（Wang et al.，2021）。

4.4　促进人体健康

人类的健康福祉与绿色空间的数量、质量有着密切的关系（Vries et al.，2003；Takano et al.，2002；Tanaka et al.，1996）。经常使用公园的人通常显示出更好的自感健康状况、更高的活动参与程度和更快的放松能力（Payne et al.，1998）。绿色空间和个人健康状况呈现显著的正相关（Vries et al.，2003）。绿色基础设施与人体健康的研究可分为其对个体生理与心理健康的影响，以及对公众健康的影响。现有的研究方法主要有观察性研究和小规模实验性研究，其中观察性研究主要利用大尺度的普查数据，小规模实验研究多为对比不同绿地要素对实验对象的影响（杨春 等，2022）。有关个体生理健康的研究主要包括：居住环境与户外体育运动（Humpel et al.，2004；Pikora et al.，2003）以及健康恢复的关系（Ulrich，1984），城市绿色空间对死亡率（WILKER et al.，2014）、自主神经活动（Li et al.，2016）、内分泌系统（Markevych et al.，2016）、免疫系统的影响（Jia et al.，2016），对老年人寿命的影响（Takano et al.，2002；Tanaka et al.，1996），以及对疾病和病毒地理分布的影响（Patz et al.，2004；Zielinski-Gutierrez et al.，2006）。有关个体心理健康的研究主要包括：绿色空间与植物在情绪调节（Korpela et al.，1992；Korpela et al.，2001；李树华 等，2018）、减轻紧张与压力（Korpela et al.，2001；Korpela et al.，1996）、缓解疲劳和恢复注意力方面的作用（Humpel et al.，2002；Taylor et al.，2001；Hartig et al.，2003）。同时，有学者从绿色空间对生理和心理健康协同作用的角度出发，讨论不同中介变量与生理、心理健康的相互关系；另有学者关注绿地对幸福感、认同感和社会关系的影响（Kim et al., 2004；Kuo., 2001；Kuo et al., 2001）。绿色基础设施是促进公共健康的重要因素，这是因为环境的改善可以引起人们生理、情感和认知过程的变化，进而增进公众的健康福祉（St Leger et al., 2003；Stokols et al., 2003；俞佳俐 等，2021）。

4.5 提升雨洪净化调节能力

绿色基础设施可通过控制土地利用格局维护区域水文过程，通过绿色屋顶、透水铺装、生物滞留池（雨水花园）、植草沟、植被过滤带、人工湿地等一系列具体措施来管理城市雨水径流，实现缓解洪涝危害，减轻径流污染以及加强水资源利用的目标。国内外最有代表性的技术体系有20世纪70年代起源于美国的最佳管理措施（BMPs）（USEPA, 1972；车伍 等，2009）、20世纪90年代美国的低影响开发（LID）（USEPA, 2000），英国的可持续城市排水系统（SUDS）（CIRIA, 2001；Spillett et al., 2005），澳大利亚开展的水敏感性城市设计（Water Sensitive Urban Design, WSUD）的实践（Lloyd et al., 2002），新西兰集合LID和WSUD理念形成的低影响城市设计与开发（LIUDD）（Van Roon et al., 2006），还有我国于2014年正式发布的《海绵城市建设技术指南》，提出通过海绵城市理念下的各类生态基础设施以减少城市洪涝灾害（俞孔坚 等，2015）。近年来，不少学者与专业人员开展了海绵城市理论研究与实践探索，包括宏观层面的海绵城市专项设计与规划（张禄 等，2023；魏巍 等，2021）、微观层面的各类海绵城市技术应用（吴友炉 等，2021；章孙逊 等，2021；Guan et al., 2021）以及海绵城市建设效果的评估（Yuan et al., 2022）。现有针对雨洪管理的具体技术在控制径流总量、控制径流峰值、延缓洪峰时间等水文方面的效益已经非常显著，而且在控制径流污染，去除TSS、TN、TP、各种重金属污染物方面的研究也已非常翔实（Ahiablame et al., 2012；朱甜甜 等，2020）。另有部分研究从数字景观角度挖掘海绵城市的智慧管理方法（谢明坤 等，2023；丁锶湲 等，2019）。这些研究基本证明了LID技术在调节水文功能与去除污染物方面具有良好效果（Hatt et al., 2009；文思敏 等，2020）。

4.6 推动公众参与和社区共建共享

公众是绿色基础设施最重要的利益相关者。由于欧美国家决策体制的原因，绿色基础设施的公众性参与是决定其能否有效实施的关键，而社会认知程度是其中至关重要的因素之一，因此西方在此方面的研究较多。在公众参与决策方面，罗特勒在从西雅图到卡斯克德山脉的绿色廊道案例中，强调了私人和非营利部门主导与协调的重要性（Rottle，2006）；罗弗尔和泰勒强调绿色基础设施规划中潜在利益相关者的决策参与，可以鼓励由社区发起的绿色基础设施的实施，确保绿色基础设施建设中的民主和公正（Lovell et al.，2013）；黑客特和罗桑发现绿色基础设施需要与更广泛的公众和私人利益相关者合作，提出绿色基础设施公平指数来权衡社区的优先权，掌握更多的自主权利（Heckert et al.，2016）。公众参与社区实践方面，我国提出"责任规划师"和"社区规划师"制度（贾蓉，2016；刘思思 等，2018），即通过政府、居民、企业、社会组织和专业团体的多元合作，推动城市微空间更新，促进社区花园的共建共享（侯晓蕾，2019）；其中，沈瑶聚焦儿童参与视角，在长沙开展了"校社共建"的社区花园营造新模式（沈瑶 等，2021）；刘悦来等人通过在上海社区花园的共建实践，发现多元合作、多方参与是提升高密度城区社区花园活力与参与度的重要方式（刘悦来 等，2017）。在公众认知方面，杰森（Jason）研究了公众对于绿色基础设施（尤其是增加植树）是否能够帮助杭州市应对气候变化的认知，发现增加植树是一种适应性策略，可以减少气候变化带来的影响，因此居民愿意在公共开敞空间增加绿树的覆盖面积（Jason，2015）；布里德（Breed）等人发现在绿色基础设施中，奖励制度应该具有一定的调整幅度，促进生态系统服务的平衡（Breed et al.，2015）；巴蒂斯特（Baptiste）等研究发现居民对绿色基础设施控制雨洪具有较高的认知水平，并指出效率、美学和成本是影响居民对于绿色基础设施实施意愿的主要因素（Baptiste et al.，2015）。

4.7　评估功能价值与绩效

当前，绿色基础设施的评价研究可分为三类：一是对景观结构的评价，二是对生态服务功能的评价，三是对绿色基础设施效益与绩效的评价。①对绿色基础设施的景观结构评价主要是基于景观生态学、保护生物学原理，以生物保护为出发点的空间格局评价，主要包括关注组分特征的景观格局指数评价和侧重动态过程的景观格局空间模型评价（Forman，1995；Yu，1995）。源于美国马里兰州的绿色基础设施评价（GIA）和保护物种水平运动过程为核心的景观安全格局是近年的代表性方法。②绿色基础设施的服务功能评价以评估生态系统服务为热点（Dennis et al.，2016;Wang et al.，2014；Hansen et al.，2014），包括物质量评估和价值量评估。价值量评估是较主流方法，通常用货币化方法评价生态系统服务的价值，但虚拟估值存在主观性与随机性，无法准确评估实际效果与质量。有学者指出绿色基础设施在发挥生态系统服务的正效益时，也会带来如耗水、生物入侵、VOC排放等负效益（Wang et al.，2015；Von Döhren et al.，2015）。③绿色基础设施效益与绩效的评价有两方面视角：一是从使用者出发的行为和感知评价，如建成后使用者评估（POE）、视觉质量评价等；二是从环境资源影响出发的物质环境效益评价，目前以评估绿色基础设施某个或某些技术的单目标效益为主，如研究绿色屋顶缓解城市热岛效应（蒋理 等，2018;Susca et al.，2011；Bowler et al.，2010）、雨水径流调节（王雷 等，2023；王恺 等，2022；Berndtsson，2010）方面的效益、雨水管理技术在雨水径流消减和水质净化方面的作用（Ahiablame et al.，2012；Dietz，2007）、城市绿色基础设施在缓解气候变化方面的效益（Sharifi，2021；Demuzere et al.，2014；Chen et al.，2015）、城市绿地空间在提升碳汇（殷利华 等，2020;洪歌 等，2023）和缓解城市热岛效应方面的效益等（黄玉贤 等，2018）。近年来，有学者将时间因素融入绿色基础设施评价中，评估某些技术在原料获取、建设、运营、处置的全生命周期过程中对环境资源的影响，成为当今研究的前沿领域（Wang et al.，2020；Smetana et al.，2014；Wang et al.，2013）。

总体而言，目前针对绿色基础设施具体技术的单方面物质环境评价研究较多，但是全面涵盖生态、社会、健康福祉等方面的综合绩效评价尚处于探索阶段，仅有少量有关绿色基础设施综合指标构建的研究，而且基本处于框架性探索阶段（Pakzad et al.，2016；Lovell et al.，2013；Tiwary et al.，2016）。

4.8　优化设计与技术配置

不同的绿色基础设施设计配置方式会影响其环境、社会及经济效益，且绿色基础设施不同类型的服务功能间存在同步增益的协同关系或此消彼长的权衡关系（Meerow et al.，2016b），能够促进协同效应的技术构成方式成为绿色基础设施技术研究的关注点。城市绿色基础设施的空间配置和构成要素可通过面积、数量、布局结构、要素配置、空间形态、资源材料等多个参数或特性描述（王云才，2018）。宏观尺度的大量研究基本形成共识，面积数量与空间格局等的配置特征会影响绿色基础设施的绩效发挥。面积、数量上，城市绿地率、绿化覆盖率和绿地三维绿量的增加都会改善绿色空间的生态效益（姚崇怀 等，2015）。空间格局上，连通性和完整性可以改善生态过程，保障生态结构、功能与服务；宏观格局固然是绿色基础设施发挥韧性的基础，但一成不变的空间形态无法有效应对不确定性环境（Ahern，2011），因此空间格局内绿色基础设施的具体技术配置方法与构成要素对服务绩效的影响非常重要。德克森（Derkzen）对鹿特丹城市绿色空间的6项生态系统服务指标进行评估，发现绿地配置与构成要素是关键影响因素（Derkzen et al.，2015）；罗毅基于39个建成案例的景观绩效，发现设计配置不当是导致项目环境、社会及经济效益相冲突的重要原因（罗毅 等，2014）；栾博等通过研究绿色空间中9种雨水技术配置情景对洪峰削减、径流控制及经济成本的影响，揭示了分散或集中、单一或组合的配置结构在不同决策偏好中的表现（Luan et al.，2019），并通过情景分析和模型模拟研究，发现技术组合、设计要素、材料选择是绿色基础设施配置参数中影响韧性协同的关键驱动因素，使用亲自然或有生命的材料对环境效益具有显著的积极影响，有利于驱动韧性（栾博，2019）。

4.9 技术进展与动向展望

自20世纪60年代以来，公园绿地系统、土地保护、生物网络、雨洪管理等技术领域在融合生态系统服务和生态产品思想后，推动促成绿色基础设施体系。2008年至今，以应对气候变化和复杂性挑战为目标的基于自然的解决方案（NbS）形成并发展，强调将适应性管理等非结构性措施与空间格局规划设计、生态修复技术等结构性措施相结合，推动绿色基础设施进一步发展成熟。

我国绿色基础设施技术研究起步于21世纪初。近十年来，随着习近平生态文明思想的深入落实，绿色基础设施技术研究得以快速发展，从初期引进先进理念、借鉴国外方法，发展到引领国际热点、自主创新探索，研究内容在气候变化响应、雨洪净化调蓄、空气质量、城市热环境、提升韧性、生态碳汇等方向上更加细化、深入。

未来，我国城市发展建设模式将发生三方面转变：一是城市发展模式从增量扩张向存量提升转变，二是城市建设方式由刚性向韧性转变，三是城市空间运行管理模式（建筑、交通、用地等）将由高碳排放向近零碳转变。我国环境治理与生态修复、生态系统固碳增汇、防灾减灾等各类工程加大了投入力度，但工程专项化、目标单一化的问题显著，缺乏高质量、高效率、协同性的技术实践。

应对转型的新形势，我国绿色基础设施技术研究将具有以下前景。①为支撑城市高质量发展和存量空间提质增效，绿色基础设施技术配置与优化设计方法研究将成为热点。目前，有关规划尺度的绿色空间面积、数量、空间格局等配置特征的研究比较成熟，而设计尺度下景观要素、资源材料、结构配置、空间形态等具体构成配置技术方法的研究有待加强。②为推动韧性城市建设，绿色基础设施全过程适应性设计颇具前景。确定性的"终极"设计成果往往无法有效应对自然灾害和其他各类不确定性扰动，及时动态修正、迭代演进是促进绿色基础设施利用自然系统做功的关键，也是绿色基础设施相较于其他基于确定性控制的工程设施的优势所在。目前，动态的适应性方法尚不成熟，未来具有较大的创新发展空间。③为推进智慧城市发展，加快新型城市基础设施建设，融合5G、人工智能、大数据、云计算、物联网、环境DNA技术等新兴技术，提高绿色基础设施监测、设计、建设和管理的智慧化、精细化水平，促进城市绿色化高质量发展。④为响应气候变化和实现"双碳"目标，需加强绿色基础设施全生命周期韧性和近零碳效能，推进减污—降碳—增汇—应灾的协同增效技术研发，提升各技术间的优化耦合能力及集成应用效果。⑤为推进基于自然的解决方案（NbS）在城市高密度空间中的落实，在城市栖息地修复、湿地河道修复、海岸带生态修复和废弃地修复中应开展以自然恢复为主的精细化修复设计。

第五章

河道与湿地岸带
生态修复

河道及城市湿地是城市生态系统中的重要组成部分，为城市提供了综合的生态系统服务，具有防洪排涝、水质净化、保护生物多样性等功能。然而在城镇化过程中，河道和滨水空间被硬化、渠化，水环境污染，水生态退化。过去十年，我国在水环境治理方面取得了积极成效，城市黑臭水体得到了改善，但城市水生态脆弱性突出、生物多样性不足，与提供完善的生态系统服务之间仍有差距。

河道生态修复可以提高城市生态系统服务，增强城市韧性和生物多样性，提升城市居民的幸福感和生活满意度。城市河道生态修复的方法主要包括近自然生态法和水文模式修复法（廖轶鹏 等，2020）。近自然生态法源自日本于20世纪90年代提出的"多自然型河川工法"理念，重视水生物的生存环境，尊重河流地区间的差异特性。近自然生态法强调城市河道的综合治理，强调城市河道与水生动植物之间的内在影响和协调作用，旨在提高城市河道和河漫滩的连续性，注重绿色生态和景观建设。近自然生态法的核心理念是强调尊重人与自然的和谐，重视恢复河流生态系统的原有状态（欧阳小平，2023）。水文模式修复法又称为流量修复法，是以改变目标河道的自然水文特征为目的而提出的城市河道修复法，其目标是以水文调度等模式，提高城市河道流量、水文修复周期、洪水历时等水文参数，从而改善河道生态环境条件，提高城市河道自净能力。自20世纪70年代起，该方法已在许多国家得到实践和应用，如日本东京的隅田川修复工程、我国的"引江济太"工程和长三角地区平原河网水环境修复工程等，取得了较好效果。

湿地是介于陆地与水体之间的过渡带，是水陆相互作用形成的独特生态系统（杨永兴，2002）。湿地类型包括自然湿地、半人工湿地和人工湿地。湿地的保护修复及再利用，不仅是保障国土空间安全格局的重要前提，更是对党的二十大报告中"推行草原森林河流湖泊湿地休养生息"要求的落实。目前，我国湿地修复相关研究多集中在长江中下游平原区、黄淮平原区，湿地修复的手法主要是恢复和重建湿地生态系统，具体包括湿地基质修复、水文过程修复、水环境修复、生物多样性和生境修复5个方面（邵媛媛 等，2018；崔丽娟 等，2011）。

虽然我国在河道与湿地生态修复方面的起步较晚，但在近十年发展迅速，对河流生态系统的修复从以单一河道的水质改善为主，发展到流域—河道多尺度、多目标、多专业的协同性生态修复，在河流湿地生态系统修复的理论、技术和实践上都取得了丰富的成果。河流修复的典型案例包括上海杨浦滨江改造、深圳茅洲河治理、深圳大沙河生态长廊、广东绿道与深圳碧道等；城市湿地保护修复的典型案例包括六盘水明湖湿地公园、微山湖湿地公园、横风沼泽（Crosswinds Marsh）湿地、成都活水公园、深圳观澜人工湿地公园、深圳茅洲河燕川湿地。

5.1 案例一：构建流域绿色基础设施
——大理市洱海主要入湖河道综合整治[①]

5.1.1 项目背景

洱海位于大理的东部，是全国七大淡水湖泊之一，素有"高原明珠"之称。洱海南北长40.5km，东西宽3~9km，最大深度20.9m，蓄水量30亿m³。洱海与其西侧的苍山一起合称"苍山洱海"，是苍山洱海国家级自然保护区的核心部分。洱海是大理市的主要饮用水水源地，也为工农业生产提供水资源保障，是大理可持续发展的重要生态基础。

近年来，随着洱海流域人口增长及经济社会发展，尤其是旅游业的发展，给洱海水环境带来了巨大压力，水质呈现下降趋势，富营养化程度增加。由于洱海属于我国云贵高原的典型高原湖泊，湖水停留时间2.75年，水体自净能力较弱，导致污染物排入洱海后难以自然排出，湖泊底泥逐渐被污染，水环境污染形势严峻（图5.1-1）。

图5.1-1 洱海的水环境污染形势严峻

---

① 设计公司：北京一方天地环境景观规划设计咨询有限公司，上海市政工程设计研究总院（集团）有限公司。
  主要设计人员：栾博、张琳琳、陈鉴熹、陈建勇、王鑫、白小斌、李岳凌、李芳等。

2017年1月，洱海治理全面开启"抢救模式"，实现洱海水质总体保持在Ⅲ类标准，力争达到Ⅱ类标准。大理市洱海主要入湖河道综合整治工程是洱海保护中最重要的环节之一，是削减入湖污染负荷、恢复流域生态环境的关键性保障。该工程包括洱海周边的主要河道34条，其中入湖河道共计33条，出湖河道1条，总治理长度162.8km，总治理面积达70km²，涉及人口49万，总投资约9亿元。

5.1.2　面临问题

（1）水质恶化情况严峻

农业面源污染、农村畜禽粪便以及农村生活污水等是洱海入湖河流的主要污染源，也是影响洱海水质的主要原因。根据洱海污染源及负荷分析，这3个污染源占COD、TN和TP入湖总量的85%～90%（图5.1-2）。

（2）防洪设施严重不足

洱海流域汛期时间长且降水占比多，5～10月的雨季降雨量占全年的85%，单点暴雨降雨量大，加之山区河道纵坡大，虽然河道流量相对不大，但流速快、破坏力强；人工化、硬质化河道使得洪水峰值流量增加、峰现时间缩短。河道中原有的护岸、拦沙坝和跌坎等水工防洪设施因年久失修，损毁严重，大部分河道防洪水平低于规划防洪标准，流域汛期行洪安全隐患突出。

图5.1-2　部分河道存在人工化现象，水质恶化、生态退化

（3）流域水生生态系统退化

洱海入湖河道人工化严重，导致河流生态系统退化，缓冲能力下降，自净能力不足。部分水工设施导致河流连通性降低，影响水生物种的迁徙、繁衍。河道周边缓冲空间受农业生产和旅游发展干扰，河道污染加剧。河道上游、中部局部土壤侵蚀，水土流失严重，导致暴雨型泥石流灾害风险加剧；河道入湖处被村落发展侵占，环湖自然缓冲带破坏严重。

（4）区域休闲游憩体系不完善

大理河道是连接苍山、洱海的天然绿道资源，在区域游憩体系中具有重要作用。目前，洱海西部"苍山十八溪"的可达性、连续性较差，苍山、洱海之间缺乏慢行绿道联系。河道景观环境杂乱，河道周边的自然文化资源未能得到有效串联与利用，影响了大理的旅游形象。

5.1.3　总体理念

大理市主要入湖河道数量多且条件差异大，因此河道综合整治是以保障洱海水质为核心，协同生态、景观、防洪、旅游多目标的复杂性系统工程。本项目提出了流域治理的总体修复思路，以构建流域绿色基础设施为总体策略，针对区域水环境、水安全、水生态和水休闲四大方面的问题与目标，提出集水污染防治系统、雨水调控系统、生态修复系统和休闲游憩系统四大系统于一体的流域绿色基础设施综合方案（图5.1-3）。

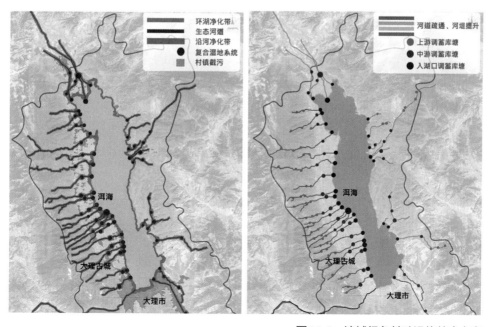

图5.1-3　流域绿色基础设施综合方案

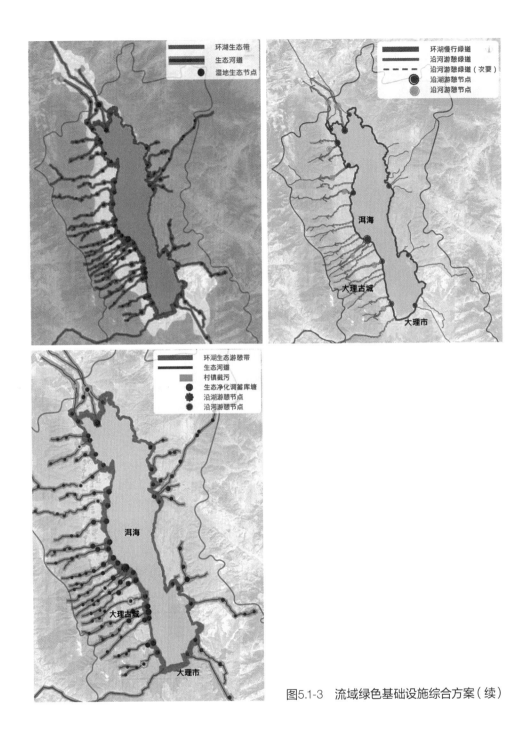

图5.1-3 流域绿色基础设施综合方案（续）

5.1.4 设计策略

在流域尺度从水环境、水安全、水生态、水休闲四大方面构建综合绿色基础设施，形成"一区、一带、多廊道"的总体格局。"一区"是山区河段发挥生态保护、水土流失治理和雨洪调节功能的生态保护涵养区；一"带"是以河口湿地为核心的环湖生态缓冲带，发挥水量调节、水质净化、休闲游憩、景观形象等综合生态服务功能；多"廊道"是连接"一区""一带"的以农田段河道为依托的生态廊道，主要发挥水质净化及游憩功能。

在总体布局基础上，分类、分区、分段诊断入湖河道所面临的问题，识别确定各河道的治理目标和具体治理思路，对洱海周边东、西、南、北四个片区提出相应的总体定位。东部以山洪调控为根本，突出生态化水利工程技术展示；西部以苍山洱海综合生态修复为基础，突出特色游憩体验和文化展示；南部以水污染防治和防洪调控为核心，突出城乡河道生态服务功能；北部以水污染治理为重点，突出农业面源污染防控技术示范。

（1）水环境策略：水污染防治方案

综合分析河道水质情况及污染源，制定河道水污染防治综合方案：采用污染源控制、水质净化的治理手段，形成"陆源控制+湿地强化+河流净化"的多级水质改善体系（图5.1-4）。

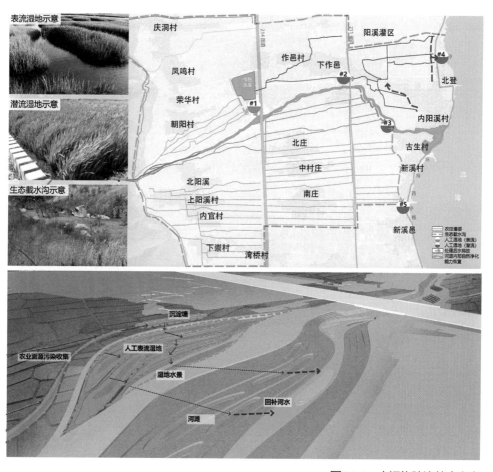

图5.1-4　水污染防治综合方案

　　在污染源控制方面，以治理村镇点源污染的环湖截污工程为基础，沿河设置生态截污沟对河道周边农田的灌溉尾水进行截流，经湿地、库塘系统净化后回补河道或灌溉回用，削减氮、磷污染物面源输入，实现水资源循环利用。

　　在水质净化方面，构建完善的沿河湖生态缓冲带体系以及与之配套的多级生态塘湿地系统。在河道缓冲带中建设人工湿地，对枯水期水质不佳的河水进行导流、蓄滞和净化，利用生态氧化塘、潜流和表流人工湿地去除污染物后再回流河道，保证入湖水质达标（图5.1-5、图5.1-6）。

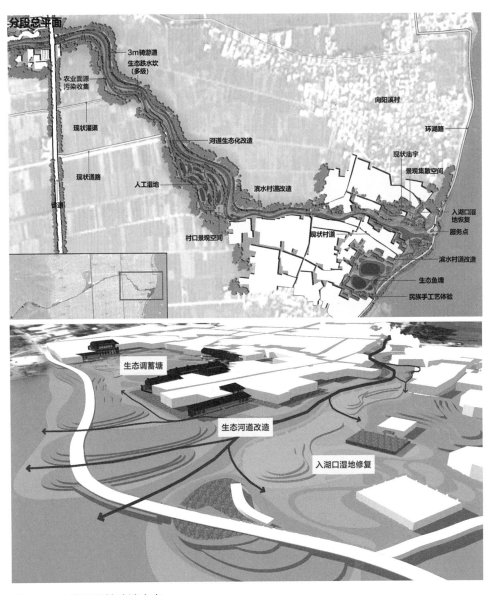

图5.1-5　入湖口湿地改造方案

图5.1-5　入湖口湿地改造方案（续）

图5.1-6　入湖口湿地建成效果

（2）水安全策略：雨洪调控方案

　　综合考虑地势、水文条件，构建多级生态库塘与河道疏导结合的雨洪调控体系，恢复河道乃至流域的自然调蓄能力。生态库塘的配置遵循河道自然特征，箐口附近高位库塘以消能、储水为主；河流中游库塘以调蓄和净水为主；近洱海的河口库塘结合入湖口湿地恢复，以净水和生态修复为核心。

　　在有条件的河道开展疏导改造，分解洪水冲刷和排洪压力。基于自然河道水文规律，将从苍山泄流的单一行洪通道改造为辫状形态的多分支泄水通道，增加弹性缓冲和洪水适应性，形成完善的雨洪调控体系，既能削减暴雨峰值流量，减少河道行洪负担，又可以改善区域农业用水格局，达到雨季蓄水、旱季补给河道生态基流的目的。一些库塘和湿地设计也同时结合景观游憩功能，充分发挥其综合价值（图5.1-7 ~ 图5.1-10）。

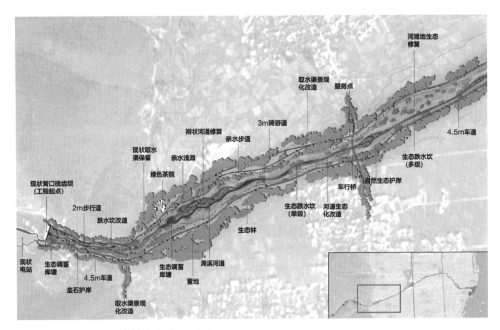

图5.1-7　中上游河道自然化改造平面图

图5.1-8　上游箐口高位库塘原貌与改造方案

图5.1-9　上游河道改造效果

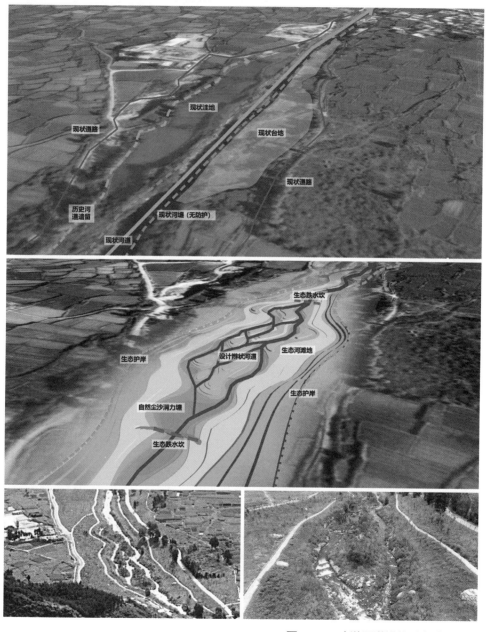

图5.1-10　中游河道辫状形态疏导改造

（3）水生态策略：生态修复方案

综合考虑河道周边生态系统退化、河道上游水土流失等现状，制定洱海入湖河道生态修复综合方案，采用上游山体坡面修复、植被保护，中游河道生态化改造、沿河廊道缓冲带修复，下游入湖口湿地重建等措施，恢复河道生境，建立流域生态安全格局。

针对人工化河道进行生态化改造是主要措施。根据河道雨、旱季流量变化明显的特征，采用复合式河道断面，在满足河道防洪标准的基础上，提高其适应能力；河道两侧根据流量、流速情况选择草坡入水、活体树桩、柴捆、柳条、散抛石、雷诺护垫和生态格宾石笼等生态护岸技术，辅以河道形态自然化改造以及河道纵坡调整等措施，恢复河道生态条件，提高河道生境多样性（图5.1-11～图5.1-13）。

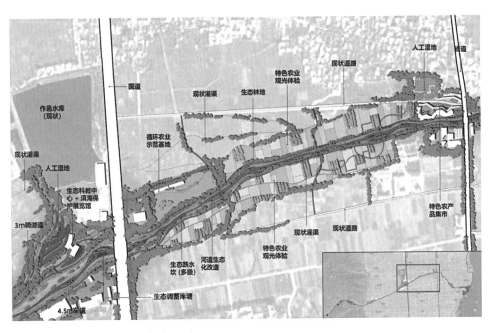

图5.1-11　中段河道生态化改造平面图

图5.1-12　河道生态化改造前后对比

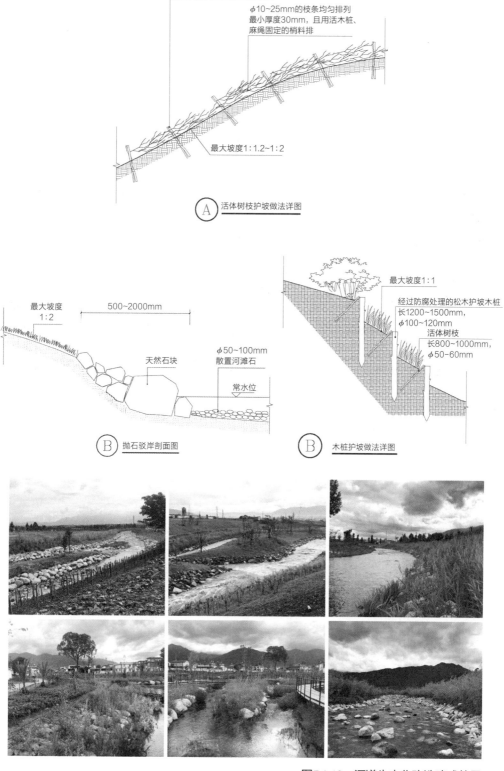

活体木桩
（长0.8m~1m，φ50~60mm）

φ10~25mm的枝条均匀排列
最小厚度30mm，且用活木桩、
麻绳固定的梢料排

最大坡度1:1.2~1:2

Ⓐ 活体树枝护坡做法详图

最大坡度
1:2

500~2000mm

天然石块

φ50~100mm
散置河滩石

常水位

Ⓑ 抛石驳岸剖面图

最大坡度1:1

经过防腐处理的松木护坡木桩
长1200~1500mm，
φ100~120mm

活体树枝
长800~1000mm，
φ50~60mm

Ⓑ 木桩护坡做法详图

图5.1-13　河道生态化改造建成效果

（4）水休闲策略：休闲游憩方案

针对大部分河道可达性和连续性缺失等问题，本项目制定了完善的休闲游憩系统。以洱海西面"苍山十八溪"为核心，沿河布置慢行绿道，贯通苍山、洱海之间的联系；在箐口、关键河段、村落和入湖口建设景观文化节点，形成以河道为基础的完整休闲游憩网络和配套服务体系。

在细节设计中，挖掘当地自然及文化元素，将下关"风"、上关"花"、苍山"雪"、洱海"月"，以及当地浓厚的白族和古大理文化融入沿河景观之中。根据每条河道的特点打造不同的景观特色，增加沿河游憩的丰富性和体验性（图5.1-14、图5.1-15）。

图5.1-14　休闲游憩节点效果

图5.1-15　阳溪国道节点景观塔效果

5.1.5 总结

　　大型湖泊及入湖河流的污染防治和生态保护是我国目前面临的重要任务。保护洱海是习近平总书记作出的重要指示，也是造福大理人民的民生工程。入湖河道的综合整治为洱海及其流域的水质提升和生态修复提供了保障。本项目从流域的角度，以环洱海34条河道为基础，构建兼具生态与人文综合价值的绿色基础设施，实现了水环境、水安全、水生态、水休闲协同的目标。修复后的河道成为连接苍山与洱海的生态廊道、协同生态保护与旅游发展的绿色桥梁，为大理高质量绿色发展提供了新引擎（图5.1-16）。

图5.1-16　洱海远景

5.2　案例二：重建河道生态韧性
——陕西渭柳湿地公园生态修复①

5.2.1　项目背景

　　渭河是黄河的最大支流，也是西安和咸阳的母亲河。在西咸一体化的背景下，渭河沿线的自然乡野河滩承受着城镇化的压力。城乡交错区的水环境不断恶化，渭河的自然河滩迅速消失。同时，气候变化使渭河流域的洪涝风险增加，应对极端天气和洪水灾害的形势愈发严峻（图5.2-1）。

---

① 设计公司：北京一方天地环境景观规划设计咨询有限公司，北京大学深圳研究院绿色基础设施研究所。
　主要设计人员：栾博、王鑫、凡新、金越延、李岳凌、夏国艳、张伟、白小斌等。

图5.2-1　项目区位（上）及上、下游现状（下）

渭柳湿地位于渭河流经咸阳市渭城区河段存留不多的自然洪泛滩地，总长约3200m，宽约470m，占地面积约125hm²。本项目获得2021年德国国家设计奖——杰出建筑类城市空间与基础设施金奖、2020年国际风景园林师联合会亚非中东区杰出奖等国际奖项。

5.2.2　面临问题

渭柳湿地公园所处的渭河河段面临许多问题。场地上游河滩的自然原貌已被硬化的水利工程取代，场地内的乡野河滩也面临着因城镇化进程而被破坏的压力；场地下游的河滩已被城市园艺化景观取代，河滩原有的物种丰富度和生物多样性下降，河道的自然生境系统退化；场地中多条城市雨污合流排水明渠经河滩排入渭河，在导致渭河水质恶化的同时严重污染了自然河滩的水环境（现场监测采样基本为劣V类）；附近居民在滩地自发开垦了大量莲塘和菜地，反映出市民有强烈的自然体验需求（图5.2-2）。

图5.2-2　场地现状

5.2.3　总体理念

应对上述问题，本项目以全面恢复和重建自然河滩的生态系统服务为首要目标，通过水安全、水环境、水生态、水休闲四大策略，营建集洪水公园、海绵公园、城市公园于一体的城市综合绿色基础设施，实现适应性防洪、雨洪调蓄、废水净化再生、生物多样性修复、多样休闲和艺术化体验等多重服务价值（图5.2-3～图5.2-6）。

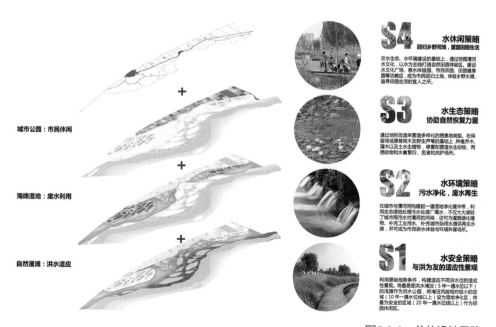

城市公园：市民休闲

海绵湿地：废水利用

自然漫滩：洪水适应

S4　水休闲策略
回归乡野河滩，重塑田园生活

在水生态、水环境建设的基础上，通过挖掘清河水文化，以水为主线打造自然田园体验区，建设水文化广场、亲水体验园，市民农园、田园健身园等功能区，成为市民回归土地、体验乡野水滩、追寻田园生活的宜人之所。

S3　水生态策略
协助自然恢复力量

通过地形改造来营造多样化的栖息地地型。在保留场地原有树木和野生芦苇的基础上，种植乔木、灌木以及土水生植物，修复和营造湿地水生动物、两栖动物和水禽繁衍、觅食和庇护场所。

S2　水环境策略
污水净化，废水再生

在城市与清河间构建起一道湿地净化缓冲带，利用生态湿地处理污水处理厂尾水，不仅大大减缓了城市雨污水对清河的污染，还可为灌溉绿化植物、补充工业用水、补充湿地杂用水提供再生水源，并可成为市民亲水体验与环境科普场所。

S1　水安全策略
与洪为友的适应性景观

利用原始地势条件，构建适应不同洪水位的适应性景观。将最易受洪水淹没（5年一遇水位线以下）的浅滩地作为洪水公园，将淹没风险相对较小的区域（10年一遇水位线以上）设为湿地净化区，将最易安全的区域（20年一遇水位线以上）作为田园休闲区。

图5.2-3　总体设计思路

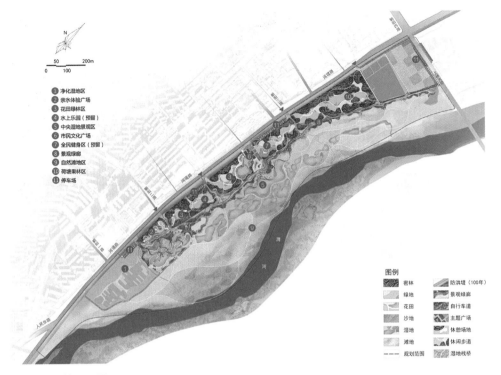

① 净化湿地区
② 亲水体验广场
③ 花田绿林区
④ 水上乐园（预留）
⑤ 中央湿地景观区
⑥ 市民文化广场
⑦ 全民健身区（预留）
⑧ 景观绿廊
⑨ 自然滩地区
⑩ 荷塘果林区
⑪ 停车场

图例
密林　　　　　　防洪堤（100年）
绿地　　　　　　景观绿廊
花田　　　　　　自行车道
沙地　　　　　　主题广场
湿地　　　　　　休憩场地
滩地　　　　　　休闲步道
——— 规划范围　　湿地栈桥

图5.2-4　总平面图

图5.2-5　鸟瞰效果

图5.2-6　恢复后的自然河滩湿地

5.2.4　设计策略

（1）弹性景观设计，适应洪水过程

为了在保证河道行洪安全的前提下恢复河滩的自然调蓄功能并合理利用河滩空间，设计利用原始地势条件，构建适应不同洪水位的韧性景观——将最易受洪水淹没（5年一遇水位以下）的浅滩作为洪水公园（图5.2-7），将淹没风险相对较小的区域（10年一遇水位线以上）设为湿地净化区，最后将最安全的区域（20年一遇水位线以上）作为公园休闲区（图5.2-8）。100年一遇防洪大堤外的次级河堤均采用生态护堤的方式，结合扦插活体柳枝、抛石、石笼、植草缓坡等手段，既形成了洪水缓冲带，又兼顾生态修复和保护功能。

（2）利用原有土堤，构建渭柳绿廊

公园的中轴线由一条贯穿东西的休闲绿廊构成，绿廊在现状土堤的基础上改造，对局部地形进行微调，并保留土堤两侧的现有柳树。公园建成后，原有的树木以及沿廊道补植的树木很快形成了河滩上一道独特的风景线（图5.2-9、图5.2-10）。

图5.2-7　5年一遇水位以下区域的生态驳岸

图5.2-8　20年一遇水位以上区域的生态护岸

原状土堤

抛石堤改造

改造林荫绿道　　增设休闲空间

图5.2-9　渭柳绿廊在现状土堤的基础上改造而成

图5.2-10　树荫下的休闲廊道是贯穿公园东西的中轴线

（3）污水净化，废水再生

为了能在解决水污染问题的同时充分利用宝贵的水资源，公园在城市与渭河间构建起一道湿地净化缓冲带，将原直排于渭河的雨污水引入污水处理厂，再对污水处理厂尾水（劣V类）通过人工湿地进行净化。净化后的再生水可达地表水Ⅲ~Ⅳ类标准，满足公园绿化、农田灌溉、亲水休闲体验及回补河滩生态湿地等功能需要（图5.2-11）。

人工湿地根据净化规模和目标进行设计，确定以潜流湿地为主、表流湿地为辅的方案，并布置氧化塘以发挥调蓄缓冲、水体复氧及向下级湿地均匀补水等作用（图5.2-12）。

（4）协助自然恢复力量

生态环境修复的关键在于为自然恢复过程助力（图5.2-13）。以营造多样化栖息地为目标，在保留场地原有树木及野生芦苇的基础上，对河滩地形进行微调改造，同时适当补植乔、灌木以及水生植物，修复和营造水生动物、两栖动物和水禽繁衍、觅食和庇护的场所（图5.2-14、图5.2-15）。

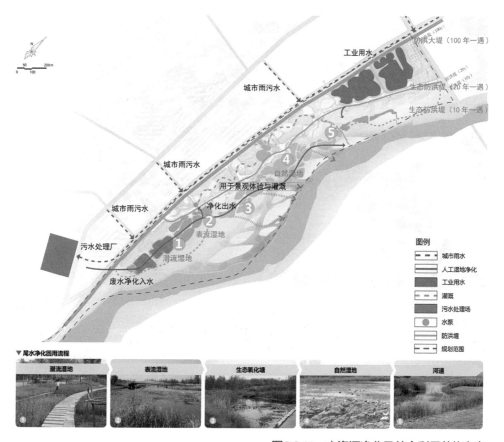

图5.2-11　水资源净化及综合利用总体方案

图5.2-12　湿地组合方案提供了环境教育和休闲体验的机会

图5.2-13　自然演进的恢复力

图5.2-14　通过微地形调整，重塑河滩生态湿地

（5）回归乡野，体验自然

在水环境修复和水生态建设的基础上，为了满足周边居民对自然体验的需求，以水为主线设计了秦腔文化广场、亲水体验园、市民农园、乡野健身园等休闲游憩体验功能区，使这片河滩地成为市民回归自然、体验自然、追寻乡野生活的宜人之所（图5.2-16～图5.2-19）。

图5.2-15　栖息地的恢复带来了鸟类的回归

图5.2-16　孩子们在湿地亲水区玩耍、探索自然

图5.2-17   湿地亲水区每天吸引着众多市民前往休闲体验

图5.2-18   秦腔文化广场为市民提供了理想的集散、休闲和活动场所

图5.2-19   景观桥为公园增添了一分色彩

（6）最低成本、最大效益的可持续设计

通过低成本、低维护、低技术的设计，获得环境、社会和经济的效益最大化。项目建成后开展环境绩效与社会绩效的综合评估工作。据成本效益评估，公园平均建设成本为80元/m²，仅为咸阳同类公园的1/3。在环境效益方面，公园建成后监测各断面水质，均达到国家Ⅲ~Ⅳ类水标准，COD、氨氮、总磷和总氮的削减率分别达到89.6%、98.4%、96.6%和79.5%，同时废水资源化的年回用量达到240万m³；公园内不同地区的草本群落生物多样性指数（Shannon-Wiener指

数）提升至1.57~1.91，乔木群落生物多样性指数提升至2.11~2.33。在社会效益方面，评估现场收到的462份有效市民问卷中，公园的总体满意度为94%，其中对舒适性、亲近自然、儿童游乐和老人活动的满意度分别为90%、86%、77%和80%（图5.2-20）。

5.2.5 总结

渭柳湿地将生态防洪技术、人工湿地技术、栖息地修复技术统筹运用于河滩空间中，通过景观设计途径实现集洪泛漫滩、海绵湿地、城市公园于一体的滨河漫滩湿地公园。滨河空间不应是高成本、高投入的资源消耗者，而应是低投入、高产出的生态产品生产者，是能够提供综合生态系统服务的绿色基础设施。

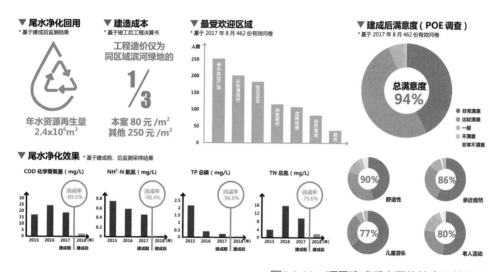

图5.2-20 项目建成后主要的综合评估结果

第六章

海绵城市与场地
雨水管理

近年来，全球气候变化使极端降雨事件频发，但快速城镇化导致城市下垫面不透水率增大，致使城市面临更为严峻的城市面源污染和雨洪灾害问题。经过50年的发展，国际上在雨洪管理方面已经发展出最佳管理措施（BMPs）、低影响开发（LID）、可持续城市排水系统（SUDS）、水敏感性城市设计（WSUD）等一系列管理体系。自2014年住房和城乡建设部发布《海绵城市建设技术指南——低影响开发雨水系统构建（试行）》后，也广泛开展海绵城市试点建设。但目前海绵体系的技术研究缺乏区域和流域系统性集成，项目综合评估的研究不足，在应对极端暴雨、洪水、雨水综合调蓄利用、城市水污染控制等方面还有待提升。因此，未来仍需加强多目标、多尺度、全过程的区域海绵体系构建，统筹优化大、中、小海绵技术配置，从而促进控制城市径流总量、削减暴雨洪峰、降低城市面源污染和增强雨水资源利用能力，为城市河流的生态修复提供基础保障。

不管是国内的海绵城市，还是国外的雨洪管理技术体系，整体目标都是充分发挥城市绿色基础设施对雨水的吸纳、蓄渗和缓释作用，有效减少雨水径流，实现自然积存、自然渗透、自然净化的城市发展方式，目前呈现以下几点发展趋势：①从末端治理转向全过程控制体系；②雨洪控制目标从径流峰值控制演变为多样化、系统化；③技术从相对割裂向系统融合发展；④区域海绵体系趋向多尺度融合发展。

美国华盛顿州斯波坎市（Spokane）市中心的滨河公园（Riverfront Park）、波特兰雨园是低影响开发（LID）的典型案例；英国布里斯托尔海滨公共空间是通过可持续城市排水系统（SUDS）将滨水区核心区成功改造的典型案例；德国的弗赖堡市扎哈伦广场是一个很好的水敏感城市设计（WSUD）案例；新加坡的JTC清洁科技园是新加坡"ABC水计划"的典型案例。

6.1 案例一：让海绵景观成为日常
——深圳大梅沙奥特莱斯滨湖海绵景观实践①

6.1.1 项目背景

自2016年深圳被列为试点城市以来，积极将海绵城市建设与治水、治城相融

---

① 设计公司：深圳市未名设计顾问有限公司。
　主要设计人员：苏志刚、车迪、杨帆、任静、蔡恬岚、覃作仕、谢园、刘玥、林苑、黄舒婷、彭渲、孙正阳、王玮嵩、况紫莹、杨勇。

合，建设河湖公园等生态类项目。随着全国进入系统化全域推进海绵城市建设示范的新阶段，深圳市在关注大尺度区域型海绵项目的同时，积极探索场地尺度的海绵建设，关注公共空间改造与海绵相融合等领域，积极探索场地尺度范围内海绵功能与景观功能融合的工作方法。

　　大梅沙奥特莱斯位于深圳市盐田区东部海岸带，山体连绵，海景开阔，大梅沙河蜿蜒其中，与大梅沙海滨公园、东部华侨城风景区、万科国际会议中心、大梅沙国际水上运动中心、大梅沙滨海文旅艺术小镇等共同形成了深圳重要的城市名片。片区自然本底条件良好，多年来持续推进山林湖海等环境改善项目，逐步构建并完善区域的生态格局，生态服务价值与环境品质有了较大提升（图6.1-1）。

图6.1-1　山海之间的大梅沙奥特莱斯

6.1.2　面临问题

　　盐田区凭借山海资源优势，全面推广海绵城市建设理念，打造生态海绵特色区。奥特莱斯所在的梅沙片区经过持续的区域环境提升工作，培育了优越的基础条件，奥特莱斯作为大梅沙河沿岸的重要节点，其海绵化提升具有较强的区域联动价值，有潜力打造为生态海绵特色片区，以便将经验推广到其他相似片区。

　　奥特莱斯小镇建于2010年，停车场、商业街、广场均为大面积硬质铺装，滨水岸线空间浪费，景观水池废弃，缺乏商业氛围，荷花池、入海口等区域还面临水质污染等问题。经过近12年的使用及台风"山竹"等极端天气的影响，小镇面临生态功能不足、环境品质下降、空间布局无法满足新时代背景下购物休闲人群和周边居民的日常休闲需求等问题。如何在高密度建成区中利用有限空间，解决海绵生态功能提升与景观环境品质提升的双重需求，是项目面临的主要挑战（图6.1-2）。

图6.1-2　大梅沙奥特莱斯面临的现状问题

6.1.3　设计目标

大梅沙奥特莱斯景观海绵化改造注重海绵与景观的全过程融合，在完善雨水生态过程的同时，着力于提升空间环境品质、重塑生活场景，有效聚集滨水商业小镇的人气，激活商业空间价值。通过景观海绵场景的构建，重塑蓝绿交织的商业街区滨水休闲活力岸线，形成生态人文共享的滨海特色生态海绵示范区和高品质商业公共空间，让海绵景观场景成为生活的日常。

6.1.4　设计策略

6.1.4.1　基于场地空间尺度的改造原则

（1）海绵落位准确化

高密度建成区中开展既有项目的改造类海绵提升工作，为应对不透水面积比例高、可突破空间有限等限制条件，需充分利用可用空间，识别雨水径流过程的关键节点，在有限空间范围内高效地实现海绵功能。

（2）海绵措施多样化

海绵措施并不只是透水铺装、雨水花园、下凹绿地等传统做法，设计需结合场地条件，综合应用渗、滞、蓄、净、用、排等多种措施。

（3）海绵过程显性化

海绵城市不是高高在上的理论，而是看得见、摸得着的具体生态过程。场地尺度是使用者了解海绵过程的具体空间落位，设计需将海绵理念和工法融入场景设计中，让设计展示海绵过程，滞蓄、净化过程看得见、可参与。

（4）海绵场景生活化

高密度建成区中的公共空间使用者数量众多，甚至是周边居民日常生活、休闲活动的承载空间，设计需将海绵的汇水分区与使用场景相结合，让雨水过程与人流动线相结合，实现海绵场景融入居民生活。

（5）海绵建造立体化

改造类项目空间有限，为了实现海绵过程，需充分利用场地条件，建立从地上到地下的立体海绵措施，通过空间立体化，延长海绵过程，增加海绵设施的承载面积。

6.1.4.2　区域综合研判，"针灸式"激活海绵网络

（1）区域雨水过程分析

以区域视角研究生态过程，发现片区内排水系统共有18个分区，周边场地雨水通过人工湖湖底箱涵及市政管网直接流向入海口，人工湖水源通过大梅沙河及C12地块的雨水管网补给（图6.1-3）。

场地原排水管网共有4个雨水外排点，其中有3个位于北侧环梅路市政道路旁，1个位于场地南侧临湖区域，区域内雨水主要通过环梅路市政管网排放，部分雨水接入湖底箱涵外排（图6.1-4）。

图6.1-3　片区汇水分析

图6.1-4 片区雨水管网系统

（2）"针灸"关键点

基于径流过程和场地条件，识别关键节点作为改造工程落位的重点，通过关键节点的改造提升和雨水管线的串联，重新形成场地空间内的海绵网络，以关键节点高效提供海绵服务。

在关键节点的具体设计过程中，海绵技术与设计艺术完美融合，形成七大海绵场景，让居民和游人停下来与空间对话，在潜移默化中感受海绵的价值，让海绵场景成为生活日常（图6.1-5）。

6.1.4.3 七大海绵场景

（1）滨水岸线

奥特莱斯商业小镇滨水岸线具有较高的景观价值，原有台阶式驳岸垂直入水，可落座远望，但不便亲水。设计以舒适亲水体验为核心出发点，以林荫广场为庇护，保留转角瞭望亭，将台阶式驳岸改为"两级落座宽台阶+悬浮平台"的方式，宽台阶可落座远望、平台可亲水互动，丰富了岸线的停留空间，强化了半岛的特质。改造后飘台式的平台下方为鱼类提供了躲避、遮阴的好去处；水域吸引黑天鹅逗留，丰富了人们与动物互动的场景，激活了商业空间的活力（图6.1-6～图6.1-8）。

图6.1-5　大梅沙奥特莱斯滨水商业空间海绵化景观总图

图6.1-6　两级落座宽台阶+悬浮平台

图6.1-7　宽台阶可落座远望、平台可亲水互动　　图6.1-8　轻倚水岸，亲友畅谈，与天鹅合影，成为奥特莱斯的趣味体验

（2）林荫广场

原有场地在经年累月的使用之后，出现多处下沉和凹凸不平，由于缺乏下渗功能，场地内常有积水，空间品质下降。台风等极端天气过后，树木残缺，加之下层地被老化严重，不仅缺失生态价值，也影响了商业功能，人们不愿意在此停留或通过。设计保留原有乔木，补植空缺乔木，形成自然华盖，将场地梳理平整，实现整洁有序、通过与停留各有所属的人行体验（图6.1-9、图6.1-10）。

重新划分汇水分区，构建"渗透性铺装+渗透式树穴+开放式线性沟渠+雨水花园"的海绵体系。采用黑、白、灰三色高品质陶瓷透水砖替换水泥砖，帮助雨水自然下渗。雨水花园分散化布局，就近吸纳和净化雨水，加强处理雨水

图6.1-9　保留原有乔木，点植空缺乔木，形成具有自然华盖的林荫广场

径流的能力。陶瓷透水砖、生态树池、雨水花园下铺导流盲管，并与开放式渗渠相连，净化后的雨水导向生态池塘（原荷花池）进行末端净化（图6.1-11、图6.1-12）。

图6.1-10　林荫广场提供多样生态系统服务

图6.1-11　透水铺装、渗透树池与渗渠形成完整的海绵系统

图6.1-12　广场也成为周边居民生活的重要组　图6.1-13　渗透式可呼吸的儿童地形游乐场地
成部分

改造后的场地性能有了很大提升，雨后即可上人活动，亭亭华盖予以场地阴凉感受，全时段的高舒适度迅速增加了购物人群的数量，也吸引周边居民来此休闲，人们在层叠的光影中享受林荫下的自在生活。

（3）渗透型儿童场地

场地内的硬底水池已荒废，存在安全与卫生隐患，同时还缺乏儿童活动场地。设计将废弃水池改造为自然儿童乐园，有效利用场地、吸引人流，倡导在自然中游戏。设计还将雨水花园镶嵌在地形起伏的游乐场地内，种植大腹木棉，既富有象形特质，又具备遮阴功能（图6.1-13）。

传统的非下渗式儿童活动场地普遍存在积水问题，使用不久便因积水导致环境品质下降，造成使用与维护的困难。本项目转变传统做法，采用整体渗透式EPDM（三元乙丙橡胶）地面工艺，实现雨后不积水，并保证了环境品质，通过海绵景观培育亲子温馨场景（图6.1-14）。

（4）下凹绿地

水岸西侧的图书馆门前原是一片硬质铺装广场和零星点缀式的混凝土树池，由于常年积水，老旧、破损的铺装容易形成淤泥，严重影响通行、休憩等使用功能和商圈形象。

设计将硬质铺装场地改造为下沉绿地，以草坪作为场地核心，以台阶和石笼座椅进行围合，方便落座休憩；四周以铺装广场进行衔接，作为公共活动空间；保留原有乔木，补植线形树阵，勾勒出场地边界，丰富竖向景观体验（图6.1-15、图6.1-16）。

（5）生态停车场

原停车场流线和布局混乱，硬质地面缺乏渗透功能，降雨时积水严重且排干时间较长。设计优化布局与流线，将原停车场路面整体升级为透水沥青材质，路面雨水通过消能带导入雨水花园，经过净化传输至生态池塘末端蓄存并净化回用（图6.1-17～图6.1-19）。

图6.1-14 地垫与雨水花园交错处理，凸显场地特色，并更利于雨水径流组织

图6.1-15 阳光草坪与大树形成风景画卷

图6.1-16　透水铺装+下沉绿地+带状雨水花园共同组成的海绵场景

图6.1-17　兼具海绵功能和艺术美感的生态停车场

图6.1-18 作为生物滞留设施的中央雨水花园

① 40 厚细粒式 AC-13 透水沥青混凝土
② 乳化沥青粘层（PC-3）0.5L/ ㎡
③ 40 厚中粒式 AC-16（20）透水沥青混凝土
④ 乳化沥青透封层（ES-2）1.2L/ ㎡
⑤ 150 厚 C20 透水混凝土，粒径 Φ5-8，水：灰 =0.38∶1
⑥ 150 厚透水级配碎石
⑦ 素土夯实
⑧ Φ8 螺纹钢筋
⑨ 30x30x2.5mm 不锈钢格栅网内置 Φ30～35 粒径砾石
⑩ Φ8 螺纹钢筋拉结筋
⑪ Φ150 排水盲管外裹 150g/ ㎡无纺布二道
⑫ 100 厚透水混凝土
⑬ Φ150 排水盲管外裹 150g/ ㎡无纺布二道，盲管间隔 1.5m 设置
⑭ 600mm 厚种植土层
⑮ 150g/ ㎡无纺布
⑯ 100 厚细沙过滤层
⑰ 150g/ ㎡无纺布
⑱ DN100 盲管
⑲ 200 厚碎石垫层

图6.1-19 生态停车场的海绵过程

（6）生态池塘

生态池塘改造前为硬质的荷花池，水体缺乏自净能力。设计将生态池塘作为商圈内各海绵场景雨水汇集的终点站，也是大梅沙河与商圈内海绵系统的衔接窗口。

池塘内周增加挺水植物缓冲带，并采用清杂覆土、底泥消毒、构建苦草与微生物群落等一系列技术方案，重构"水下森林"系统，帮助水质稳定达标。池塘作为终端调蓄功能可有效减轻区域压力，净化后的雨水可用于浇灌与路面冲洗、补充大梅沙河河水（图6.1-20）。

生态池塘周边保留原有高大乔木，拓展亲水平台，增设石笼木座椅。池塘美景吸引着孩子们前来戏水，成年人在池塘边享受生活慢时光，真正实现海绵设施与生活的融合（图6.1-21）。

（7）入海口湿地

原入海口的构造较为单一，以硬质河底和水泥砌块驳岸为主，水生植物群落尚未形成，净化能力不足，景观效果不佳。人工湿地由微生物菌群系统、多孔盲管导流系统、表流湿地系统、钢筋砾石基底系统、功能性水生植物系统组成，利

图6.1-20　生态池塘的水生态修复过程

用旱伞草、再力花、美人蕉等功能性水生植物，通过砾石与植物根系截留、过滤、降解、吸收氮和磷等有机物，控制入海口面源污染，提升入海口的生态系统服务价值（图6.1-22、图6.1-23）。

6.1.5　总结

改造后，场地雨水径流总量控制率由55%提升至70%以上，面源污染控制率由45%提升至60%以上，有效达成提升目标。同时，为检验建设效果，团队于2022年5月、7月、8月等几次降雨时前来奥特莱斯观察，发现透水沥青、透水地垫、透水陶瓷砖、雨水花园等如期发挥作用，真正实现"小雨不湿鞋，大雨无内涝"的建设效果。树木、草坪、花园、湿地中的植物也经受住了数次大雨检验。如今，雨后场地环境不会再影响购物游客及周边休闲人群的兴致（图6.1-24）。

大梅沙奥特莱斯海绵化改造的成功实践，是海绵技术与生活美学融合的一次迭代突破。沉浸式的海绵景观为高密度商业公共空间的景观海绵化改造贡献了经验。

图6.1-21　生态池畔，时光清浅，一步一安然

图6.1-22　人工湿地完善入海口的生态系统服务功能

图6.1-23　钢筋砾石基底、功能性水生植物和微生物群落构成的人工湿地

图6.1-24　大梅沙奥特莱斯滨湖景观与海绵改造效果

6.2 案例二：融合自然教育的海绵校园 ——浙江省温岭市东部新区中小学校园设计[①]

6.2.1 项目背景

随着社会发展，城市青少年的成长过程逐渐脱离自然。校园本应是学生感知环境、学习生态、体验自然的第一场所，但校园景观城市化、地产化倾向明显，往往缺乏自然生命力。当前，人们逐渐认识到环境教育的重要性，自然教育正回归到校园中。国际环境教育基金会（FEE）在全球推广的国际生态学校项目（Eco-School），帮助中小学校更好地开展环境教育和可持续发展教育。

浙江省温岭市东部新区是沿海围垦开发的新城，生态环境敏感性高，规划建设秉持生态优先和海绵城市理念。如何将海绵建设与校园景观有机结合，在雨水管理过程中赋予自然教育功能，是一项具有重要意义的创新性实践。

温岭市第三中学（简称"温岭三中"）校园总用地面积约50000m²，共48个班。中学创办于1985年，先后获得台州市示范学校、台州市教育科研示范学校、浙江省初中示范性学校、浙江省九年制义务教育 I 类标准化学校、浙江省绿色学校等荣誉称号。温岭三中对东部新区的新建校区建设提出了更高的要求，以满足"以人为本、成功发展"的办学理念。温岭东部新区第二小学（简称"温岭二小"）校园面积32000m²，共36个班级，校方希望把校园打造成一个"畅想自由的生态乐园，润泽生命的幸福港湾"。作为温岭东部新区培养未来希望的摇篮，校园更应该将生态建设贯彻落实，将温岭二小"自然育人"的教学理念融入校园设计中。

6.2.2 总体理念

设计需解决三个方面的问题。首先，东部新区是海绵建设示范城区。如何将雨洪管理和环境教育融入校园，增强校园自然化与互动性，让学生们在接触自然、了解自然、学习自然中启智成长？其次，校园生活是学生们一生难忘的时光。如何营造一个有独特性和归属感的校园景观，让学生们拥有丰富多彩的校园记忆？最后，中小学生正处于心智和观念的建立时期，拥有丰富的想象力和创造力，更愿意通过自己的探索来发现这个世界。如何让校园成为引导学生们探索、

---

① 设计公司：北京一方天地环境景观规划设计咨询有限公司。
　 主要设计人员：栾博、邵文威、王鑫、陈鉴熹、李岳凌等。

思考及创造的媒介？这是设计需要考虑的重要问题。

　　综上所述，设计提出"生长的校园"的总体理念，让孩子们与自然校园一同成长。设计利用可持续的水管理、资源的节约利用以及乡土生境的营造等手法，打造绿色生态的校园基底，同时为学生创造一个安全、健康、舒适、人性化的校园环境，并且在不同场所内营造适于寓教于乐、互动参与、展示个性的校园空间。设计从中小学生的行为活动和心理需求入手，将学校定位为有利于青少年成长的海绵校园，即在绿色生态的校园环境中，为学生们提供多元开放、高效便捷的交流活动空间，营造轻松舒缓的校园氛围，培养学生的探索和创造精神，使校园成为学生们的精神家园（图6.2-1、图6.2-2）。

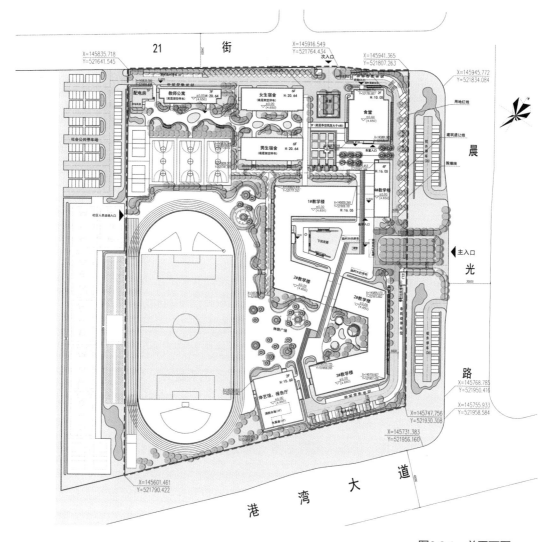

图6.2-1　总平面图

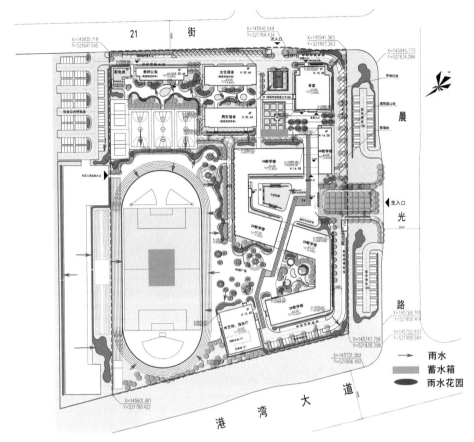

图6.2-2   雨水管理流程图

6.2.3   设计策略

（1）创建可持续的生态校园基底

校园基底利用绿化景观系统进行雨洪管理。设计方案的绿地率达到36%，孩子们在校园中随处都可以接触到自然。利用这些绿色空间，通过源头收集雨水、过程下渗净化、末端调蓄等一系列技术，将年径流控制率控制在80%。通过绿色屋顶将屋面雨水收集至建筑旁的植被浅沟，再汇至节点处的小型雨水花园，分区域进行净化下渗，多余雨水排至植物乐园的生态水塘。地表雨水或经透水铺装下渗至地下，或通过地表径流的方式排至周围植被浅沟，也汇集至小型雨水花园进行净化和下渗，最后再汇集进入生态水塘。部分净化后的雨水收集至地下储水罐中以备校园内景观用水之需（图6.2-3）。

这些收集和净化雨水的过程将全面展示给孩子们，让孩子们感受水的各种存在形态。降雨后，路旁浅沟会像小溪一样流动起来，水塘区域成为神秘的植物园和自然的博物馆，是学生释放天性的后花园。多样的湿地植物为生物创造了适宜

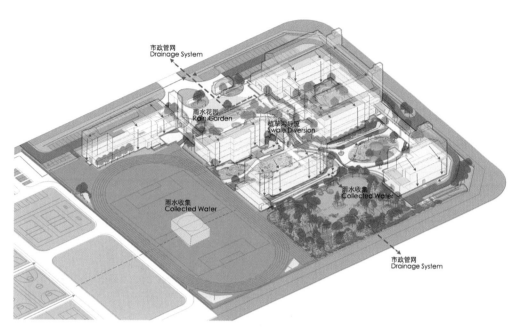

图6.2-3 雨水收集、净化流程示意图

的生境，让孩子们身处其中感受蝉鸣蛙叫。旱季和雨季时水塘的水位差异和植被的季节演替，让学生们能够感知自然的力量、体验自然的变化。

（2）与校园共同成长

设计希望创建一个有生命力的校园，让学生们和校园一起成长。校园景观有利于学生的健康成长，学生也是校园景观变化的见证人。校门口的艺术装置是为"共同成长"创造的媒介。以班级为单位认养的种植池、长长的标签牌共同组成入口的第一眼形象景观，校园越变越美的时候，这些植物也在见证学生们的成长。他们或在花园中埋下时间胶囊，或在石板路上留下手印，或给小树挂上认养牌……校园景观在学生们的亲手营建和劳作下，承载了孩子们成长的梦想与责任（图6.2-4）。

（3）营造自然主题的空间氛围，记录集体青春记忆

环境对于人的性格乃至品格都会有所影响。设计在校园中以一条文化主轴连接多个以某一自然元素为语言的庭院，营造主题空间氛围，强化学生们对场地的记忆。毕业后，竹园中的漫步，艺术林地里的嬉戏，都将成为他们最先回忆起来的场景。连接校园南北的校园"时光轴"是本次设计中的亮点，采用彩色混凝土铺装，以彩虹跑道为主题，配合多处雕塑，功能上以通达高效、疏散人流为主，且在地面嵌入金属板，学生们可以在上面刻上自己的班训，留下成长的足迹，成为集体的青春记忆（图6.2-5）。

（4）体会劳动，激发学生想象力与创造力

劳作是自然教育的一个重要环节，通过劳作可让学生们成为塑造校园景观的

参与者。将菜园引入景观空间中，可以帮助孩子们提高动手能力、协作能力、责任意识。基于学生丰富的想象力、创造力以及探索世界的意愿，在校园设计中设置了多种引导学生们进行探索的元素，以增加他们参与科学实践的机会。学生们利用提水装置浇灌自己的田地，生动地展现了物理原理，让学生自主获取知识。收集、净化的雨水被用于菜园的浇灌，学生在耕耘中感受食物的来之不易，菜园也可以作为学生的户外课堂。屋顶空间打造成一个低成本的营造生物生长环境的实验基地。学生可以在这里进行观察、实验。轻质、可移动的种植箱可以创造多种使用模式，培养学生们的探索精神（图6.2-6）。

图6.2-4　校园入口处的艺术装置　　　　　图6.2-5　时光轴效果

图6.2-6　田园效果

（5）塑造复合性空间，促进多元化交流

中学生正处在青春期的早期，逐渐产生成人意识与自我意识。校园设计中提供复合型的弹性空间，不仅可以满足多人的团体活动，也可以满足小范围的私密交流和独处，促进学生们的多元化交流。操场边的艺术林地和绿色廊道，不仅是校园从动到静的过渡，也为学生们的多种交流提供了场所，学生可以在这里开展各类体育竞技、兴趣社团活动，也可以谈心、独处思考（图6.2-7）。

图6.2-7　樱花园效果

（6）营造校园中的自然课堂

自然课堂是自然教育的主要方式。一种形式是将数学、语文等传统室内课堂内容移至室外，组织学生们在校园环境中学习，让学生与自然亲密接触，获得知识与成长。非正式教育与自我（成长）学习是另一种更重要的自然课堂的形式，通过鼓励在自然中的探究式学习，培养学生们发现问题、找到答案、主动获取和应用知识的能力。例如，通过亲手耕耘的"田园"，体会食物的来之不易；通过观察农作物的成长，探索土地的奥妙；通过雨水收集和净化过程，引导学生们探知自然过程（图6.2-8）。

6.2.4　总结

生态校园设计利用可持续的水管理、资源的节约利用以及乡土生境的营造等手法，为孩子们打造了一个绿色、生态、可持续的校园基底；在安全且人性化的

图6.2-8　自然课堂

校园中，为学生创造缤纷、活泼的校园氛围；以寓教于乐的形式让学生释放天性、展示自己，感受劳动的乐趣；真正为孩子们创造"生长的校园"，校园与学生共同成长。自然教育引入校园，学生们在与自然接触的过程中潜移默化地建立爱护环境、保护自然的意识。本案例是绿色基础设施与校园自然教育相融合的探索，具有一定的示范价值。

6.3　案例三：产业园海绵系统
——浙江利欧集团产业园景观设计①

6.3.1　项目背景

浙江省温岭市东部新区是以生态优先为核心建设的产业新城。温岭市水资源短缺，人均水资源量是全国人均水平的30%。降水量年际变化较大，年内分配不均匀，干旱和洪涝问题共存，夏季受台风影响较大。早在2014年国家推动海绵城市建设之前，温岭市人民政府就于2011年编制并实施了《温岭东部新城绿色基础设施规划》，指导该区的海绵城市建设。温岭市东部新区在全国率先开展了生态、城市与产业共生的路径探索。

东部新区在推进海绵城市建设的过程中，要求入驻企业按照规划要求开展雨水综合利用，以此减少汛期排水压力和面源污染负荷。利欧集团是以设计和生产制造水泵及绿色污废处理设备为主的温岭市龙头上市企业。利欧集团产业园（简称"利欧园区"）位于东部新区，属于二类工业用地，周边交通干道环

---

① 设计公司：北京一方天地环境景观规划设计咨询有限公司。
　　主要设计人员：栾博、王鑫、邵文威、陈鉴嘉、李岳凌等。

绕，其中南侧道路邻近城市河道南沙河。基地东西长950m，南北宽340～395m，面积10.24hm²，地势北高南低，西高东低，东南角为地势最低点。利欧园区可持续雨水管理是东部新区海绵建设试点和示范样板。

6.3.2　总体理念

利欧园区具有建筑密度大、硬质铺装多的特征。园区内建筑屋面和道路汇水面积达总用地面积的85%，工业生产和货车运输过程不可避免地会污染雨水径流。

设计基于海绵城市建设的基本理念和方法，通过雨水管理系统的技术措施，实现水量控制和水质保

图6.3-1　总平面图

障，达到海绵城市年径流总量控制率、径流污染控制率的标准；利用低成本和低维护的营造方法，将人的活动、休憩与可持续性水管理系统景观紧密结合；以水为纽带，展现可持续雨水管理与企业文化的生态价值观，实现产业园区的海绵示范系统（图6.3-1）。

6.3.3　设计策略

6.3.3.1　统筹雨水管理，设计海绵系统

（1）雨水分区管理与径流控制目标

根据厂房区、办公区、生活区的功能不同，以及建筑周边绿地的滞水能力不同，园区划分为两大汇水分区，分别设计汇水路径。分区Ⅰ的雨水径流主要产生自厂房区的屋顶及道路路面，汇水面积27.7hm²。分区Ⅱ收集办公、生活区屋顶、广场及道路的雨水，汇水面积6.3hm²。

以年径流总量控制率高于80%为目标，设计对应降雨量为38.5mm。区域的雨水调蓄设施主要包含雨水花园、调蓄池和雨水塘。根据各调蓄设施规模和调蓄深度，计算得到总调蓄容积7329m³，计算得到区域的设计降雨量为43.1mm，对应年径流总量控制率达到82%，满足年径流总量控制率大于80%的目标。

（2）雨水管理总体设计

雨水通过植被浅沟运输、雨水花园（生物滞留池）蓄滞、梯级湿地净化，最后用于溪塘循环、植物灌溉和生产回用，在很大程度上降低了台风暴雨期市政管网的排洪压力（图6.3-2）。

基地生活区东侧的景观水系连通着基地东南角餐厅广场的雨水塘，形成了园区主要的水景观和休闲空间。巨大的景观用水量主要来自大面积的建筑屋面雨水的收集和利用，建筑屋顶总面积占用地面积的50%。

屋面雨水经雨水管流入砾石池缓冲消力，然后经砾石输水槽及浅草沟（图6.3-3）疏导至下沉庭院的雨水花园蓄滞（图6.3-4）。雨量大时，蓄滞的雨水溢流至地下蓄水池，然后被泵送到梯级表流湿地。雨水通过表流湿地逐级净化，流入东侧景观水溪（图6.3-5～图6.3-8）。

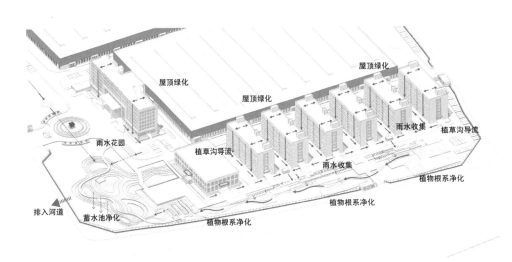

图6.3-2　雨水管理系统图

图6.3-3　下沉庭院砾石输水槽

图6.3-4　浅草沟与下凹绿地

图6.3-5　雨水疏导　　　　　　　　图6.3-6　生活区梯级湿地净化

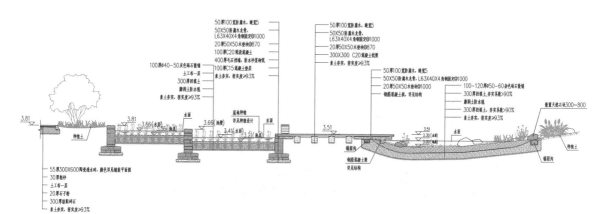

图6.3-7　梯级湿地

图6.3-8　梯级湿地效果

图6.3-9 雨水塘梯级湿地净化

图6.3-10 道路雨水蓄滞示意图

水溪由北向南经多级跌水堰，形成连续湿地，最后汇入景观雨水塘。雨水塘是整个园区内的最大水面（面积为0.5hm²），驳岸采取自然缓坡入水的方式，岸边散置天然块石。依据水深的不同，设计结合亲水栈道、平台和入水台阶，通过软硬岸线交错布置、亲水植物和挺水植物层次搭配，形成不同的岸线功能和景观体验。雨水塘的水量超过设计水位时会溢流至市政管网；台风、暴雨来临时，雨水塘提前排干，可预留7300m³的蓄水容积，减轻了台风暴雨期市政雨水管网的压力（图6.3-9）。

办公区、生活区地面采用透水混凝土铺装，生态停车位可以使雨水直接下渗。其他不透水路面径流则流入路旁的植草沟、生物滞留池，经植草浅沟汇入梯级净化湿地或雨水塘（图6.3-10、图6.3-11）。

图6.3-11　透水混凝土铺装建成后

图6.3-12　表流湿地跌水曝氧　　　　　　　图6.3-13　雨水塘自循环出水口

6.3.3.2　运用生态湿地净化，实现水质保障

设计将东南角雨水塘的水泵送至东侧梯级净化湿地，再汇入水溪，最后回到雨水塘，形成自循环净化系统（图6.3-12）。梯级净化湿地具备防渗措施，300mm厚种植土上铺设100mm厚砾石，其间利用高差设置多级石堰跌水曝氧。湿地内种植再力花、千屈菜、水葱、黄花鸢尾等净化效果明显的湿地植物，有效减少雨水中的污染物，并引入鱼类等水生生物，增加生态多样性（图6.3-13）。

6.3.3.3　水生万象，建立时空适应性水景观

由于各月份的降雨量、蒸发量不同，景观水系的水位和水域面积是变化的。枯水期呈现的是砾石浅滩和末端的小水塘、以湿生植物为主的景观效果。随着雨量的上涨，丰水期呈现的是溪流、跌瀑、丰满的雨水塘。设计通过植物配置，根据亲水场地和设施的高程不同，营造出了具有雨水适应性的园区景观，体现水生万象的设计概念（图6.3-14 ~ 图6.3-16）。

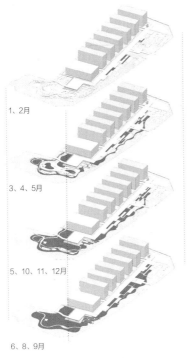

1、2月

3、4、5月

5、10、11、12月

6、8、9月

图6.3-14 适时水期示意图

图6.3-15 雨水塘丰水期（上）、枯水期（下）方案

图6.3-16 表流湿地8、9月的丰水期

6.3.3.4 创造体验空间，体现企业文化

为了将人的休闲活动融入雨水管理系统中，梯级潜流湿地的池壁兼具景观步道功能，水堰亦设计为汀步，结合亲水休憩平台，让使用者近距离感受和体验水净化（图6.3-17～图6.3-19）。

提升雨水管理系统的综合景观价值，设计在湿地景观中布置了休憩场所和运动空间（图6.3-20）。休憩空间也是弹性空间，使用者将园区曾经生产的水泵产品艺术化，使其成为园区内具有特殊意义的雕塑，并将雨水提升和循环设备纳入标识系统，展示企业的高科技产品，将企业文化充分融入园区的生态休憩景观中。

图6.3-17　雨水塘邻水休闲

图6.3-18　雨水塘景观汀步

图6.3-19　休息平台

图6.3-20　户外运动空间

6.3.3.5　本土化设计，低成本建造

梯级净化湿地的池壁、下沉庭院的挡墙选用了当地特产毛石为主要材料，具有低成本、低维护、施工简易的特点。设计利用东南角现状坑塘作为园区的最大雨水塘，极大地降低了土方工程成本。通过绿色基础设施技术减少了项目雨水管网的建设投资，利用老厂区原有植被资源进行移栽，结合新厂区的场所空间重新设计布置。新厂区靠近沿海地区，设计多选用温岭本地可抗风、抗强碱的乔灌苗

木，布置在园区的风口区域，与移栽植被整体统筹布置，同时选用适宜当地生长的水生、湿生植被，用于水质净化、生境营造（图6.3-21）。

图6.3-21　湿地植物

6.3.4　总结

本项目径流总量控制率高于80%，有效减少雨水径流中的污染物，满足台州市海绵城市建设要求。通过可持续雨水管理系统，园区建成了以绿色基础设施为基础的生态景观，提高了生物多样性，建立了良好的生境，并为使用者提供了优质的宜居空间，展现了企业文化的生态价值观，成为海绵产业园区雨水可持续管理的示范标杆。

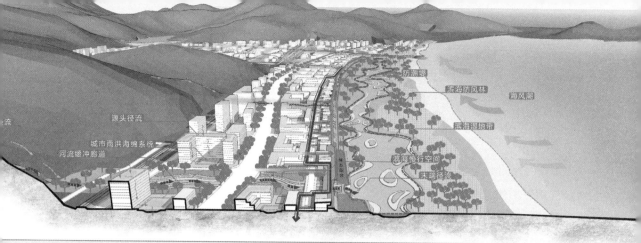

源头径流

城市雨洪海绵系统

河流缓冲廊道

防潮堤

滨海防风林

海风潮

滨海湿地带

滨海慢行空间

末端径流

第七章

海岸带韧性修复

海岸带是陆地和海洋之间的过渡带，是陆地和海洋生态系统的重要交汇区，也是海洋生态系统的重要组成部分。海岸带生态系统具有多种生态系统服务功能，是保障沿海城市生态安全的重要基础。海岸带可以缓冲和吸收风暴潮、台风等自然灾害，其中的沙滩、海草、珊瑚礁等生态系统可以减缓海浪的冲击力，减少海岸侵蚀，抵御海水倒灌。同时，海岸带的湿地、河口等生态系统可以吸收和减缓洪水的冲击力，减少内陆地区的洪涝灾害。潮间带、海草床等生态系统可以吸收大量的CO_2，起到重要的碳汇作用。海岸带的生态系统还是许多海洋生物的栖息地和繁殖地，对维护生物多样性具有重要价值（杨波 等，2023）。

海岸带往往是城市高度聚集、社会经济活动发达的地区，面临巨大的生态环境压力，也是最容易受到气候灾害影响的生态敏感地区和脆弱地区。生态退化、近海污染、生物多样性下降等问题是全球海岸带面临的共性问题（张健 等，2021）。海岸带生态修复是重要的环境保护对策，是促进人与海洋和谐发展、推动海洋生态文明建设的重要途径。

随着海洋生态系统退化和气候灾害影响加剧，海岸带的保护修复得以迅速发展。红树林、盐沼、珊瑚礁、海草床和牡蛎礁等典型生态系统是生态修复关注的重点。近十年来，国际上逐渐关注海岸带生态修复对气候变化的应对能力，大规模长周期的海岸带生态系统修复开始受到重视。海岸带生态修复的主要技术包括基于自然的解决方案（NbS）、工程型海岸生态化技术、装配式海岸生态模块及其组装技术、水文调控技术修复退化湿地等。以自然恢复促进韧性的修复理念、多元统筹的综合性解决方案将是海岸带生态修复技术的发展趋势。国际上的典型案例包括：美国纽约曼哈顿Big U滨海空间改造项目、澳大利亚昆士兰州海岸带墨纳哥市红树林海岸带生态修复、日本东京湾区生态修复等，我国深圳杨梅坑的海岸线修复、深圳湾滨海红树林湿地生态修复项目等均是海岸带生态修复的成功案例。

7.1 案例一：滨海湿地水鸟生境精细化修复
——深圳福田红树林国家重要湿地保护工程①

7.1.1 项目背景

海岸带是海陆作用强烈的地带，是生态多样性较高的生态边缘区。滨海湿地是海岸带生态系统的重要组成部分，也是沿海地区的生态屏障，动植物资源丰富，具备提供栖息地、调节气候、净化污染等多样的生态系统服务功能。研究表明，我国一半以上的滨海湿地已被破坏，生物多样性与生态系统健康面临严峻挑战。珠三角地区通过填海造陆服务城市和产业发展，导致滨海湿地大面积减少，生态环境问题尤其突出。

深圳湾是东亚—澳大利西亚全球候鸟迁徙线路的中转站和越冬地，也是社会经济发展活跃的高度城市化海湾。位于深圳湾东北部的福田红树林国家重要湿地是广东内伶仃岛—福田国家级自然保护区的重要组成部分，也是唯一地处城市腹地的国家级自然保护区（简称"保护区"）。作为我国面积最小且紧邻高密度建成区的国家级自然保护区，湿地周边高密度的城市化环境和高强度的人类活动对候鸟越冬栖息的影响较大，在有限的空间中实现鸟类保护、生态系统服务功能的提升，更显精细化修复的重要价值。

7.1.2 面临问题

以鸟的需求为重点，对凤塘河以东的鱼塘从空间形态、水深、植物影响、人类活动情况等内容进行研判，分析得出鱼塘水环境不达标、鱼塘生境结构无法提供鸟类休息空间、人类活动干扰大三大共性问题。

（1）鱼塘水环境不达标

凤塘河东岸共有9个鱼塘，根据面积、水位、水动力分析发现：凤塘河各个鱼塘内部被分隔成多个小鱼塘，面积较小，无法满足鸻鹬类集群生活的需求；大部分鱼塘水位过深，超过养鱼需求的水位深度；同时由于水道淤积，水闸调控不足，水动力条件不佳，造成鱼塘与外海的生物交换不够，鸟类食物单一、短缺。

---

① 设计公司：北京一方天地环境景观规划设计咨询有限公司、深圳未名设计顾问有限公司。
　主要设计人员：栾博、车迪、刘玥、王鑫、谢园、杨帆、周文君等。

（2）鱼塘生境结构无法提供鸟类休息空间

鱼塘鸟类栖息地的植物遮蔽情况严重，芦苇、水生植物生长过快、过密，几乎完全侵占水面空间。鱼塘水域中央的小岛数量较少，且岛上已有植物生长茂盛，乔木已经成林，缺乏光滩小岛，无法为水鸟提供休息停留空间。此外，堤岸上入侵植物和外来植物数量众多，生长速度快，破坏了本地原生态环境条件。

（3）人类活动干扰大

保护区紧邻城市建成区，鱼塘北部受城市影响与巡逻车的巡护干扰大。下沙片区建设密度高，灯光和幕墙反射光影响鸟类活动，且广深高速紧贴保护区边界，虽有道路隔离带，但鱼塘内尤其是北部区域噪声为70dB左右，超过了大部分鸟类的噪声耐受度。鱼塘北部的巡逻车车道宽4m，经常有巡逻车驶过，影响北部塘鸟类栖息。

7.1.3 设计目标

针对上述问题，结合凤塘河西部已修复鱼塘吸引部分䴙䴘类和雁鸭类的情况，设计提出本次凤塘河东部鱼塘湿地修复的目标需兼顾迁徙水鸟和本地水鸟，以黑脸琵鹭和大型䴙䴘类为主，兼顾雁鸭类，为迁徙水鸟提供固定的高潮位栖息地；以鹭类为主，兼顾其他鸟类，为本地优势水鸟提供全生命周期理想家园，并对湿地内鱼塘重新确定了生物多样性管理分区（图7.1-1）。通过湿地的逐步修复，保护区将打造为深圳湾水鸟高潮位栖息地、国内红树林湿地生态修复示范区、国际知名候鸟迁徙监测研究前哨。

图7.1-1 保护区湿地生物多样性管理分区图

图7.1-1　保护区湿地生物多样性管理分区图（续）

7.1.4　设计策略

本项目提出以鸟类需求为核心的生境精细化修复模式，首先通过文献研究，以具体的鸟类生境需求要素为标准，逐一研判各个待修复鱼塘的场地问题，归纳出三大共性问题；其次，针对目标保护鸟类提出具体化修复目标和精细化修复措施，并根据场地条件的限制性，形成高、中、低3种有利于决策的适应途径。

7.1.4.1　鱼塘水环境修复

首先确定鸟类偏好的开阔大水面格局，具体可根据鱼塘条件和修复工程量分为3种形成大水面的策略。①取消鱼塘内部堤岸形成光滩，所有小鱼塘完全整合，形成一个连续、开阔的大水面；②降低内部分隔堤岸形成裸堤，配合清理植物，从视觉上营造开阔的大水面；③局部堤岸打断，以树岛的形式实现小鱼塘连通，扩大水面（图7.1-2）。

在现状地形的基础上，利用整合水面产生的土方调整形成梯级塘底，结合智能水闸调控，从南到北水位逐渐变浅；也可通过局部塘底微地形调整，形成不同水深区域。现状水深在1~1.5m的，设计后可实现水深15~30cm，满足非潜水类雁鸭类需求；现状水深在1m左右的，可实现水深25~35cm，主要满足黑脸琵鹭、鹭类及大型鸻鹬类等涉禽的栖息需求；现状水深在50cm左右的，设计后可实现水深在5cm以内，满足小型鸻鹬类需求；东部现状水深在2m以上的深水鱼塘，可不做塘底微地形处理，主要服务潜鸭类的栖息需求。

图7.1-2   5号塘修复前后对比

为提高现状鱼塘的水动力条件和生物多样性，根据各塘情况和修复工程的难易程度，提出3种具体措施：①潮沟清淤，提高塘内外交换的水动力条件；②塘内部增加环形深水沟，在增加塘内水动力条件的同时为鱼虾和底栖生物提供适宜环境；③降低水闸箱底高程，方便塘内外的物质和能量交换。

7.1.4.2   生境光滩与植物结构调整

现状塘内小岛数量很少，且均长满茂盛植物，缺乏鸟类偏好的光滩和裸岛。在水面格局确定的基础上，提出3种增加光滩裸岛的形式：①利用土方堆筑小岛，清理小岛现状植物，并调整小岛形态和高程，增加岸线曲折度，降低坡度；②将塘内分隔堤改造为中央光滩和裸岛，形成缓坡入水的滩岛，延长取食岸线和休憩区域；③局部降低堤岸，结合清理植物，形成假性光滩，未来需配合植物管理计划，以尽可能少的工程量增加光滩（图7.1-2～图7.1-4）。

堤岸需彻底清理银合欢和南美蟛蜞菊等入侵植物，塘内清理芦苇等水生植物，通过两遍翻根，结合水位管理计划，在夏季水淹超过1m的区域抑制芦苇生长。塘内小岛上的乡土乔木可通过修剪树枝，为鹭鸟等提供栖木和营巢空间（图7.1-5）。塘中央的堤岸需清理速生且有入侵现象的树种，移植乡土树种，若有清理不便的情况，可局部保留树岛；南部塘堤在清理速生且有入侵现象树种、保留乡土树种的基础上，对乡土树种进行局部修剪，保持不高于红树林的高度，形成南低北高、南稀北密的植物格局。

7.1.4.3   避免人类干扰

由于塘北部受到外部高速和巡逻车道等噪声干扰，考虑保护区的自然生态要求，设计提出通过增加植物隔离带的方式以削减噪声和人类活动的干扰。具体措施包括：现状隔离带宽度不足的位置，通过土方平衡，堆土加宽、加高隔离带；现状隔离带植物密度不足的空间，可通过乡土植物成排移栽或局部加密的方式提高隔离效果。

图7.1-3　6号塘修复前后对比

图7.1-4　北部淡水塘修复前后对比

图7.1-5　避风塘修复前后对比

7.1.5　总结

生态修复工程实施面积42.5hm^2，于2022年9月底完工，恰逢候鸟陆续抵达深圳湾。11月开始，5号塘中每天均可稳定观测到50多只黑脸琵鹭（图7.1-6），并有2～3个黑脸琵鹭群在5号塘过夜，其他塘尚未安装视频监控，但仍可通过肉眼观测到成群的黑翅长脚鹬、琵嘴鸭、针尾鸭等迁徙候鸟在塘内活动（图7.1-7）。11月3日，央视CCTV-13新闻频道《朝闻天下》节目对万只候鸟飞抵福田红树林湿地的消息进行了相关报道（图7.1-8）。

图7.1-6　5号塘视频监控中的黑脸琵鹭

图7.1-7　北部淡水塘中的鸟类

图7.1-8　央视新闻关于项目实施效果的报道

经过第一个候鸟季的观测，各塘鸟类种类和数量均有显著提升，在北部淡水塘中还发现了野猪脚印等动物活动踪迹。以5号塘为例，修复前只在南部小鱼塘排水时偶见3～5只黑脸琵鹭、20多只黑翅长脚鹬、鹭类等涉禽，修复后每天都可看到50只以上黑脸琵鹭，小群鸬鹚类、雁鸭类也在塘内活动，初步估计各种鸟类达200～300只，服务鸟类数量提高10倍以上，水鸟用实际行动检验了本次生态修复的效果。

深圳福田红树林湿地修复工程有效提高了深圳湾生态系统服务功能，为全球候鸟迁徙提供了关键性保护。本案例创建了NbS的精细化生态修复模式，丰富了我国滨海湿地的生态修复从理论到实践的闭环经验，为沿海高密度城市滨海湿地生态修复和鸟类保护作出了示范探索，为推进国际红树林中心创建工作提供了重要支撑。

7.2　案例二：海岸带蓝绿空间韧性构建
——粤港澳大湾区典型滨海区域规划[①]

7.2.1　项目背景

　　粤港澳大湾区是由多个全球性城市、世界级港口，以及相连的海湾、邻近的岛屿共同组成，是具有世界影响力的经济区域，总面积5.6万km²，总人口8700万，经济总量12.6万亿元，在我国国家发展中具有重要战略地位。粤港澳大湾区未来将成为富有活力和国际竞争力的一流湾区和世界级城市群。

　　粤港澳大湾区高密度城市群和高强度人类活动对生态环境带来了巨大影响，海岸带脆弱性凸显。随着全球变暖导致海平面上升、台风等极端事件频发，珠江三角洲地区因同时受到内洪外潮的共同作用，更易出现极端洪水和海洋气候灾害。

　　深汕特别合作区是粤港澳大湾区向粤东沿海经济带辐射的重要战略增长极。该区海岸线长50.9km，易受台风风暴潮灾害的影响。本项目针对深汕特别合作区滨海地区开展城市蓝绿空间韧性规划，以生态优先、韧性发展为核心，从宏观空间视角基于水系模式确定城市发展生态格局，从中观技术视角构建弹性复合海岸线与生态水网，从微观功能视角激活城市韧性活力新环境，探索建立城市韧性规划新范式、绿色发展新模式。

7.2.2　面临的问题

7.2.2.1　本地环境脆弱

　　区域内的生态环境承受了来自城市快速建设发展的巨大压力，全区地形以丘陵为主，适宜建设用地紧张；植被覆盖率高，包括天然林地、湿地、滨海红树林等，生态敏感区域多；天然水系发达，容易与建设区域交织冲突（图7.2-1）。

7.2.2.2　发展压力巨大

　　作为"飞地经济"新模式的探索，深汕特别合作区建设时间短、任务重，肩负着深圳产业转移的重任，规划城乡建设用地在2025年末达到约80km²，2035年

---

① 设计公司：北京一方天地环境景观规划设计咨询有限公司、深圳市水务规划设计院股份有限公司。
　　主要设计人员：栾博、王鑫、陈鉴熹、李岳凌、杜玉聪、邵文威等。

（规划期末）控制在约135km²；同时，深汕特别合作区也承载着培育带动粤东地区发展新经济增长极的目标。现状人口7.6万，至2025年和2035年末，全区总人口将分别达到约70万人和150万人，并确保城市市政基础设施支撑系统在约330万人口规模高峰期正常运行（图7.2-2）。

图7.2-1　深汕特别合作区现状地形条件

图7.2-2　蓝绿空间引导的未来城市发展

7.2.2.3　自然灾害频发

区域内因自然地理条件限制，自然灾害压力较大。区域内流域面积大，上游河道比降大，增加洪水破坏力，下游瓶颈处因潮水顶托导致洪涝排泄不畅，具有较大的防洪排涝压力。且该区域风暴潮频发，受破坏程度较大。

7.2.3　设计策略

（1）宏观空间视角：基于水系模式确定城市发展生态格局

在区域生态、环境和资源承载力有限的情况下，研究并构建"陆海空"综合安全格局，是确定未来城市发展以及空间布局的前提。全域生态安全格局从城市安全（如洪涝和地质灾害、风暴潮等）、生态安全（栖息地保护、生物迁徙廊道）、海洋保护开发、景观环境（视线通廊、城市形象）等角度统筹考虑，确保发展与保护的相互促进。将综合安全格局与产业规划布局相叠加，既得到未来城市精明增长的框架，又为城市开发强度、功能选择、空间布局等提供了重要的决策依据（图7.2-3）。

（2）中观技术视角：构建弹性复合海岸线与生态水网

滨海生态防护带（图7.2-4）是由防风林、湿地以及在现状高速路基础上改造成的防潮堤所组成的一个立体生态风暴潮防御体系。它同时承载着滨海休闲游憩、与城市内部联动的功能，充分发挥其作为城市重要绿色基础设施的综合价值。

沿河生态廊道（图7.2-5）不仅是重要的生物迁徙通道，同时也是解决城市内涝问题的关键之一。在本项目中，原先被切断的河流的自然消能、调蓄、排洪功能得以恢复，在保护水系的同时为城市提供生态服务。城市海绵系统不仅能从源头上缓解城市雨洪管理压力，也为城市带来生态、景观、形象等多方面的益处，是韧性城市的重要组成部分。

（3）微观功能视角：激活城市韧性活力新环境

塑造水城活力和宜居生活。区域以水为引导，形成"通山达海"的整体城市格局。打开滨海沿线城市布局形态以面向海洋，将海洋生态与活力引入城市，提升城市活力，打造滨海综合体，串联山河湖堤，利用水系带动城市健康发展，利用现状的河湾与地形，重新梳理山—水—城的关系，打开河湾与水塘，合理布置水岸业态，采用二层连廊构建多维度空间，增强水岸与城市联系，提升城市滨水的活力与价值，塑造不同类型、多层次、体验式城市滨水空间（图7.2-6）。以水为轴，聚集城市中心区服务与形象功能，打造标志性内湾区，以线带面，通过水系引入城市，促进水岸价值向城市内部辐射（图7.2-7）。

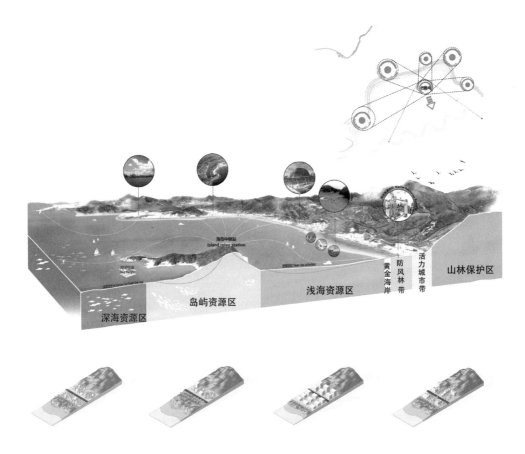

图7.2-3 全域生态安全格局

图7.2-4　滨海生态防护带

　　重构内河，引导古村保护发展新格局。围绕古村保护，新开挖内河，塑造内外两道滨水界面的特色空间。古村区域以水为引导，打开水系沿河城乡布局形态，将河道生态与活力引入乡村，利用水系带动水城乡村健康发展（图7.2-8）。外界面设置多层次滨河带，围绕古村保护，建设河心绿岛公园，增强古村活力；内界面河道沿城市铺开，营建新城滨水活力岸线。通过新开的分洪河道，增加过洪截面面积，增强应对洪水的调蓄能力，探索韧性水村持续发展的新模式（图7.2-9）。

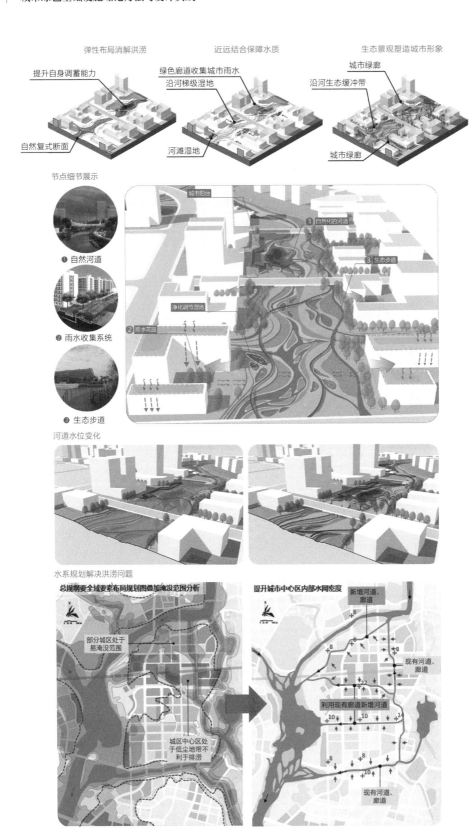

图7.2-5 沿河生态廊道

图7.2-6　河道建成后效果

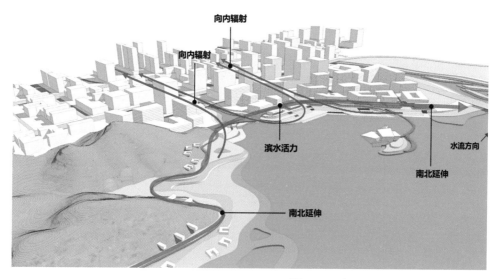

图7.2-7　水系以线带面，引领城市活力

图7.2-8　水系引领城市活力效果

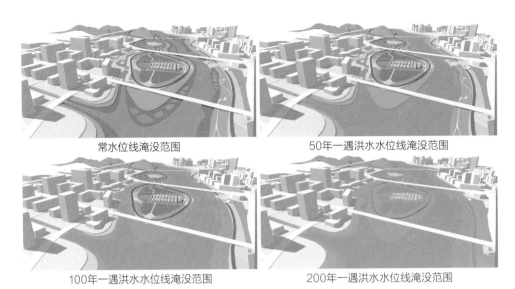

常水位线淹没范围　　　　　　　　　　50年一遇洪水水位线淹没范围

100年一遇洪水水位线淹没范围　　　　　200年一遇洪水水位线淹没范围

图7.2-9　古村活力之淹没区的韧性演替

7.2.4　总结

　　本项目充分考虑滨海地区的高密度城市特征和城市群脆弱性现状，遵循海陆联动、以水定城、以水为脉、水城共荣的理念，从宏观、中观和微观开展适应性规划设计，增强滨海城市空间韧性，通过绿色基础设施建设为海岸带韧性提供了生态框架。该案例对我国海岸带和湾区高密度城市群推进韧性城市建设具有示范价值。

第八章

城市废弃地修复再生与废物废水资源化

城市废弃地包括废弃矿山、采石场、垃圾场、工业废弃地等污染场地，未经处理的废弃地会污染空气、土壤和水源，对环境和人类健康造成威胁，也会影响城市土地利用效率。以工业废弃地为例，近年来随着我国产业结构转型和城市环境改善的需求，关停的污染工业企业数量增加，各大城市的重污染工业大量搬迁，城市中遗留了大量工业废弃地，亟待合理修复利用，以确保环境安全和社会经济价值的协同增效，使之成为有价值的土地资源和宝贵的工业遗产。

我国城镇化的快速发展使废水、废物不断增加。全国废水排放中，生活污水的化学需氧量排放量占废水总排放的32.1%，氨氮排放量占66.9%，城镇生活污水的环境污染负荷增加，成为城市水环境的主要污染源。城镇生活垃圾和工业、建筑垃圾等城市固体废物产生量快速上升，垃圾围城现象突出。据统计，我国城市废物的产生量约为2亿t/a，现有城市垃圾堆放量高达七十多亿吨，而垃圾资源化比例不到10%，两百多座城市处于垃圾包围之中。未经处理的垃圾长期堆存，不仅占用大量土地，而且其所含的重金属元素、有毒有害介质、微细粉尘、有机污染物等会造成严重的大气、水体、土壤污染和生态危害。

如果将城市的废弃地、废物、废水当作"垃圾"对待，不仅是环境的污染源，还会造成资源、能源的浪费。遵循减量化（reducing）、再利用（reusing）和再循环（recycling）的3R原则，将废物垃圾看作可以利用的宝贵资源，有效控制城镇固废污染，实现固废、污水、废水的资源化利用，是我国生态文明建设和推进人与自然和谐共生现代化的必然要求。

废弃地修复和再利用有两个主要内容：一是通过物理、化学及生物方法恢复污染场地的环境质量和生态功能，保证废弃地的环境安全；二是通过规划设计将废弃场地的资源再利用，实现可持续发展价值。目前，国外经典的废弃地修复和景观再造案例有德国鲁尔区北杜伊斯堡景观公园、荷兰佛荷米尔圩田、美国高线公园等；我国的相关经典案例有上海辰山植物园矿坑花园、中山市岐江公园、北京首钢工业遗址公园等。

将城市建筑垃圾、生活垃圾、园林废弃物与生物质废物、污泥等城镇固体废物资源化和能源化，是缓解我国城镇发展的资源环境瓶颈、减少对环境污染的途径。据预测，未来三十年内，废物资源化利用为全球提供的原料将由目前占原料总量的30%提高到80%。城市废物再利用的总体理念是将废物转化为有价值的资源，包含3个设计原则。一是材料和资源循环利用：将废弃物作为新的资源循环利用，而不是简单遗弃，设计时应考虑材料的可回收性和再利用性。二是创新技术与工艺：利用创新技术和工艺，可以将废物转化为有价值的资源。例如，通过生物降解技术将有机废物转化为肥料或生物燃料,通过焚烧技术将固体废物转化为能源,通过回收技术将废物转化为新的原材料等。三是提升环境教育意识:设计废物再利用系统应注重环境教育和科普,提高居民对废物再利用的认识和意识,鼓励他们积极参与废物分类和再利用的行动。通过以上3个设计理念的应用,可以实现城市废物的最大化再利用,减少对环境的压力,提高资源利用效率,实现可持续发展的目标。

城市废水可以通过尾水人工湿地净化实现再利用。城市生活污水经污水处理厂处理后,虽满足《城镇污水处理厂污染物排放标准》GB 18918—2002的一级A标准,但氮、磷等指标仍不能达到地表Ⅴ类水质标准。城市尾水湿地作为城市污水处理厂尾水提升的重要途径,可通过物理手段增加基质层的污染物沉降;通过化学手段促进氧化还原反应,提高氮的去除效率;通过生物手段去除污水中的有机质和氮,完成污废水的深度处理,实现城市尾水到生态补水的再生利用。基于表面流、水平潜流、垂直潜流和复合型人工湿地等尾水湿地的主要技术,设计兼顾景观、休闲、教育、科普功能的尾水公园,在城市废水净化再生的同时,实现城市湿地的生态功能和社会服务功能。尾水公园的典型案例有成都活水公园、深圳观澜河人工湿地公园、深圳茅洲河燕罗湿地公园等。

8.1　案例一:城市复合"滤芯"
——温岭东部新区尾水湿地公园[①]

8.1.1　项目背景

温岭市东部新区是滩涂围垦形成的城区,新区内河网密布、湖泊众多,在水环境和水生态保护方面的任务十分艰巨。温岭市东部新区南片污水处理厂位于银沙河和中沙河的交汇处,生态敏感性较高。南片污水处理厂是与东部新区同步规划建设的,服务排水区域面积14.5km²,接收污水包括生活和工业污水,近期处理规模2.1万m³/d,远期处理规模3.8万m³/d。原设计中污水处理厂尾水排入银沙河。污水处理厂出水按《城镇污水处理厂污染物排放标准》GB 18918—2002执行一级A标准,与国家《地表水环境质量标准》GB 3838—2002相对比,除生化

---

① 设计公司:北京一方天地环境景观规划设计咨询有限公司。
　主要设计人员:栾博、王鑫、夏国艳、邵文威、陈鉴熹、李岳凌等。

需氧量（BOD）达到V类水标准外，其余各项指标均属于劣V类水平。污水处理厂尾水水质有较大的提升空间。

污水处理厂西南侧有片规划面积76000m²的城市公园绿地，西邻中沙河，南靠银沙河。规划将此处作为一个重要的城市生态景观节点，承担服务周边居住、学校、商业用地的休闲游憩功能。如何使公园绿地在具备城市休闲、环境教育功能的基础上，满足尾水净化提升的需求，是本项目要解决的核心问题。

8.1.2 总体目标

本项目围绕城市水环境提升和高质量绿地建设，打造具有复合功能的城市小型"滤芯"公园，构建一个集净水、休闲、科普、体验于一体的城市绿色基础设施单元，同时满足尾水净化、废水再生、生态修复、雨洪调蓄、自然体验、科普教育和休闲健身等服务需求（图8.1-1、图8.1-2）。

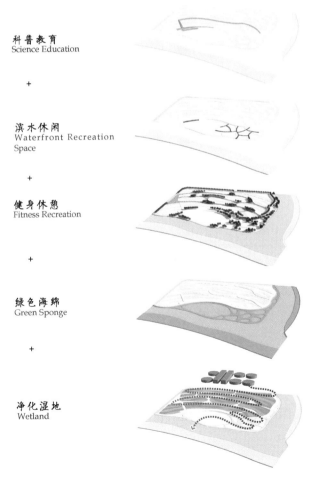

图8.1-1 总体策略和尾水湿地公园总平面图

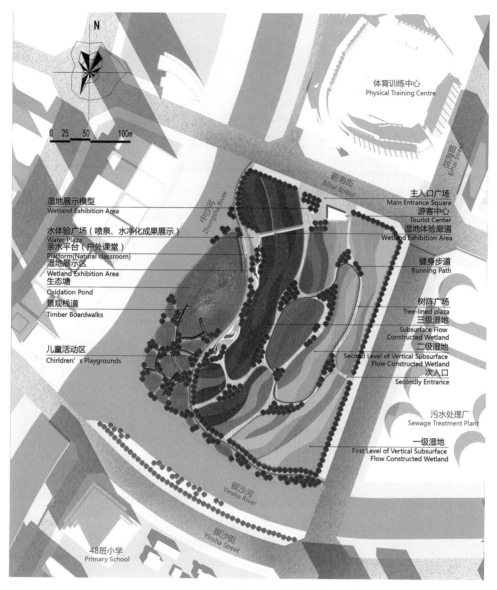

图8.1-1　总体策略和尾水湿地公园总平面图（续）

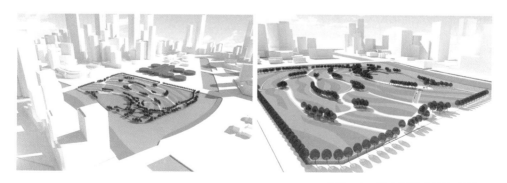

图8.1-2　尾水湿地公园鸟瞰效果

8.1.3　设计策略

8.1.3.1　尾水的净化

设计对污水处理厂出水水质、水文气候条件以及场地具体情况等进行统筹考虑，以"生态化、高效率、低能耗、资源化"为核心理念，设计绿色污水处理系统。进水水质和出水目标是本系统的主要设计依据。以污水处理厂出水一级A标准为出发点，根据对最终接收尾水的银沙河、中沙河水环境承载力进行分析，设计将湿地公园最终出水目标制定为地表水IV类（TN除外），污水处理厂废水主要污染物去除率分别为COD 40%、BOD 40%、SS 50%、氨氮70%、TN20%和TP40%。

根据污水处理厂尾水氨氮、总氮、总磷含量高的情况，以及场地在生态景观修复和城市休闲游憩方面功能的需求，设计采用以人工湿地为主的生态污水处理技术（图8.1-3）。在工艺流程方面，首先采用高效除磷截污带对尾水中大部分的磷、悬浮物、部分可溶的混凝剂和絮凝剂等高分子化合物进行截留后，再排入人工湿地进行净化。人工湿地分三级设置，按"下行垂直潜流+上行垂直潜流+水平潜流"的组合，最大限度地利用场地从东侧道路与西侧河道之间的自然高差，在减少污水处理过程中能耗的同时，增加尾水通过湿地填料的次数，从而提升污水处理效率。通过人工湿地后的尾水最终汇入沿河道布置的生态塘，生态塘设置浅水区、过渡区和

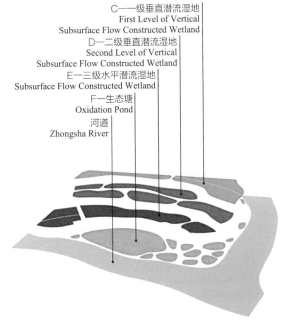

C——一级垂直潜流湿地
First Level of Vertical
Subsurface Flow Constructed Wetland
D——二级垂直潜流湿地
Second Level of Vertical
Subsurface Flow Constructed Wetland
E——三级水平潜流湿地
Subsurface Flow Constructed Wetland
F——生态塘
Oxidation Pond
河道
Zhongsha River

图8.1-3　人工湿地布置示意

深水区，形成好氧和兼氧区，进一步去除水体中的悬浮物、有机物、氮和磷。最终实施方案中，公园内截污带、人工湿地和生态塘的总面积分别为3000m²、38000m²和31000m²。在植物设计方面，人工湿地和氧化塘的植物选取以东部新区本地的乡土水生植物芦苇、菖蒲、水葱、香蒲等为主，同时搭配鸢尾、再力花、千屈菜、睡莲、狐尾藻、菹草等挺水、浮水和沉水植物。净化提升后的尾水可以供给灌溉和河道补水。

8.1.3.2　人工湿地设施的景观化

在完成尾水净化目标的前提下，本项目同时注重人工湿地的生态景观化设计，以发挥生态污水处理设施的综合价值。设计充分考虑场地与周边城市、河道的关系，通过合理优化形态布局，梳理城市向河道的过渡关系（图8.1-4）。

在场地最高处，沿城市道路和一级人工湿地布置景观缓冲带，隔离大部分来自道路和污水处理厂的噪声和视觉影响。基于二级和三级人工湿地形成过渡景观休闲带，通过优化形态创造漫步、健身的活动空间。围绕生态塘形成滨河生态核心区，根据河道水位变化将滨河河堤和人工湿地进行适应性设计。当枯水期河道水质相对较差时，通过高程控制将生态塘与河道自然隔开，降低河水对生态塘影响，同时将处理后的优质水自然回补河道；当雨季河水上涨时，生态塘与河道连成一片，成为河道自然漫滩，满足洪水调蓄功能（图8.1-5）。

图8.1-4　生态塘鸟瞰效果

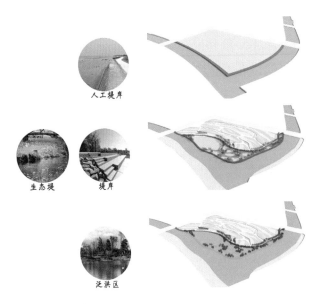

图8.1-5   生态塘洪水适应性设计

8.1.3.3   公共空间的体验性

为了满足周边城市居民对户外景观空间的需求，公园的设计兼容休闲、健身、游憩和环境教育体验功能。本项目利用人工湿地的自然形态和高程变化，在园区内部设置了充满趣味性的健身步道、休闲栈道和亲水平台，并在二、三级人工湿地的连接区域通过开放化、艺术化设计，将原本处于地面以下的人工湿地展现在游人面前，让其能够近距离了解污水净化和转变的过程（图8.1-6、图8.1-7）。围绕生态塘排水口布置的水体验广场，允许市民亲身体验净化后的优质出水，并利用喷泉、戏水池、运动区等景观元素增添公园的参与性和娱乐性。北侧体育训练中心对面设置的主入口广场在满足园区入口集散功能的同时，利用空间和细节设计形成公园的文化展示窗口。

图8.1-6   人工湿地的开放化、艺术化设计效果

图8.1-7　健身步道效果

8.1.4　总结

本项目作为具有复合功能的城市"滤芯"公园，既有效过滤、净化了城市污水处理厂排放的废水，又满足当地市民文化休闲娱乐、环境景观教育等需求，发挥了城市绿色基础设施的综合效益，在城市污水处理厂尾水生态化、景观化处理和资源化再生利用等方面作出了有益的探索。

8.2　案例二：废弃地恢复与废弃物再利用 ——三原清峪河国家湿地公园[①]

8.2.1　项目背景

公园位于陕西咸阳三原县，地处关中平原中部，三原县是西安正北的一座拥有丰富历史文化遗产的古县城。清峪河又名清河，自古穿城而过。20世纪80年代，三原县围绕清河修建了公园，但因年久失修，目前河道水源匮乏，湿陷性黄土导致河道下切冲刷严重，两岸形成了高三十余米的裸露黄土陡坎，水土流失问题突出，河道岸边被城市生活和建筑垃圾场侵占，废弃污水管道桥横跨河上，整体环境恶劣（图8.2-1）。

---

① 设计公司：北京一方天地环境景观规划设计咨询有限公司、荷兰Smartland事务所。
　主要设计人员：栾博、王鑫、Roel Wolters、Klass Jan、刘拓、凡新等。

图8.2-1 改造前的管道桥

2017年，三原县委、县政府决定开展清河综合治理建设，以生态文明理念为指导，在充分保护与利用现有河道湿地资源的基础上，重点解决垃圾堆、废弃场地和废弃物修复再利用问题，建设集生态服务、休闲游憩、文化体验于一体的城市绿色基础设施。

8.2.2 总体理念

清峪河国家湿地公园改造在充分利用本底资源和地势特征的基础上，对垃圾山进行科学加固，就地利用，对废弃管道进行改造再利用，重塑生态基底，编织游憩网络，点状嵌入城市休闲空间。公园改造工程以废弃地再生利用、自然生态提升与都市休闲相结合为目标，重塑和谐的城水关系，使清峪河重新成为提供优质生态产品的绿色引擎。

8.2.3 设计策略

（1）变废为宝，废弃管道桥改造再利用

对现有污水管道桥进行改造设计，使原本消极的管道桥变为一道靓丽的风景线。以桥柱为主要承重构件，加入新的承重梁体系，赋予其通行和观景休憩等新的功能。在保证安全的前提下，利用污水管道桥原有的结构设计连接南北两岸的景观步道，不仅使得两岸通行体系变得便捷完整，又提供了湿地高位观景以及休憩平台，丰富了高位观景休闲体验。植入竖向交通与观景平台，使高架步行桥与湿地步道产生联系，丰富了不同层次的观景休憩体验场所。适当改造顶部管道平台和维护构件，置入培养基，进行垂直绿化，美化高架步道体系，使整个高架步道成为重要的观景与休闲体验构筑物。同时，设计保留并改造利用河岸两侧废弃的景观亭台设施，使旧物焕然一新，变废为宝（图8.2-2、图8.2-3）。

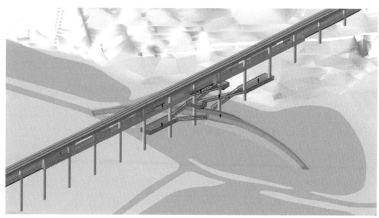

图8.2-2　管道桥的支撑柱及功能改造

图8.2-3　管道桥改造后效果

（2）污染场地治理，垃圾山生态恢复

现状池阳桥东侧是垃圾填埋场，大量的生活垃圾严重影响了滨水环境。设计利用垃圾场附近的洼地，对垃圾进行深土填埋，同时利用综合手段对场地进行生态修复，将垃圾场对环境的污染降到最低（图8.2-4）。将原有垃圾山不稳定的陡坡（1:1）整理为稳定的缓坡（1:3），消除塌方隐患（图8.2-5）。通过向垃圾山的斜坡中插入结构，加大其内部的约束力，减少塌方风险。利用工程膜或黏土隔绝垃圾堆表层，防止雨水下渗，工程膜上覆土后进行植被恢复。利用水泵抽水降低地下水水位，降低地下水污染风险。将垃圾堆中残余的污水通过导管引流至污水处理厂，或集中收集后定期处理。对城市两岸进行雨水管理系统改造，建立从城市到河道的多级雨水管理系统。结合地形高差进行雨水细化设计，雨水通过湿地净化后汇入清河，有效解决水土流失和垃圾冲刷污染等问题（图8.2-6）。

（3）运用地方文化符号，建立游憩网络，打造"城市绿谷"

三原县是书法之乡，祖籍三原的于右任是草书大家，其书法行云流水、笔意奔放、体势连绵、绝而不离。设计中重点展现三原县书法文化的魅力，将于右任

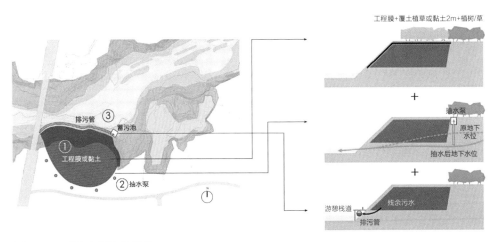

图8.2-4　减少水污染的措施

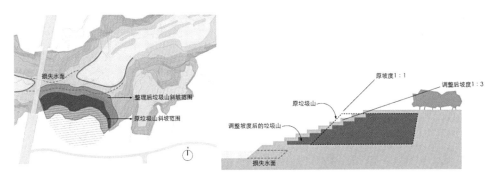

图8.2-5　降低塌方隐患的措施

标准草书中的经典字符进行抽象处理，形成场地内步行桥的流线形态。通过抽象草书中遒劲有力的笔触精髓，形成蜿蜒流转、高低起伏的特色湿地栈道，在保护原有湿地的基础上，形成休闲游憩和自然生态景观于一体的全新湿地体验（图8.2-7、图8.2-8）。清峪河两侧陡坎高差大，裸露的黄土严重影响景观效果。设计保留"黄土陡坎"的地域特征，通过"补植"手段对陡坎进行分类、分段处理。在对区域景观风貌进行分类研究的基础上，通过雨水管理减少径流冲刷，控制水土流失，保护和凸显"黄土陡坎"的景观风貌，形成"城市绿谷"。

图8.2-6 垃圾山的生态恢复设计

图8.2-7 书法元素融入步行桥的流线设计

图8.2-8 步行桥实施后效果

8.2.4　总结

三原清峪河国家湿地公园通过利用垃圾山改造、管道桥利用等措施，结合景观造景、水环境治理，不仅成为环境优美的休闲公园，更具备雨水调节、水质净化、水土保持、生物栖息地恢复等生态功能，全面提升了清峪河两岸的生态宜居环境，成为展现三原文化特征的城市名片。

8.3　案例三：面向未来的循环城市
——宜兴城市生态综合体（简称"综合体"）[①]

8.3.1　项目背景

宜兴市地处太湖西岸，地区降水充沛，河流、湖荡密布，有天然湖荡30个，水域面积532.6km^2，是典型的山水城市。宜兴物产丰富，除了驰名中外的紫砂外，另有茶、栗、竹、梅等土特名产。宜兴位列中国工业百强县（市）十强，是全国县（市）中环保工业企业最多、环保工程最多、环保产值最高的县，享有"中国环保产业之乡"的美誉。

中国宜兴环保科技工业园是我国唯一以发展环保产业为特色的国家级高新技术产业区，总面积215km^2。环科新城以"环保智造城、现代服务城、低碳宜居城"为发展目标，着力打造长三角产城一体化发展的"低碳新城示范区""宜兴山水田园城"和"水生态科技城"。

规划场地宜兴城市生态综合体位于环科新城高塍片区南北生态廊道中，总占地面积约128hm^2。场地北接滆湖低碳湿地公园及现代农业区，南邻西氿湿地公园，西接远东产业园区，东邻高塍环保装备制造组团，是以现代农业为主的原生态自然型湿地向城市型湿地过渡的转折点。综合体东侧的环保大道和南侧的科技大道是环科新城主要交通廊道和门户形象。

8.3.2　面临问题

（1）城市发展与环境承载力之间的矛盾

规划建设中的环科新城高塍片区所在地属于典型的"江南水乡"，密集的河

---

① 设计公司：荷兰Smartland事务所、北京一方天地环境景观规划设计咨询有限公司。
　　主要设计人员：Roel Wolters、Klass Jan、Leon Emmen、栾博、陈鉴熹、王鑫等。

网、湿地、稻田、鱼塘、蟹池和小型村落构成一幅美丽的乡野画卷。未来，一个规划人口规模50万、规划建设用地56.19km²的新城不仅会为这片自然质朴的土地带来巨变，而且会对区域生态环境产生干扰。其中，宜兴环保科技工业园首期15km²开发用地每天将会产生2万m³污水和25t餐厨垃圾。如何应用可持续方式对新城污水和垃圾进行处理，解决城市发展与生态环境之间的矛盾，是这座新城需要面对的关键问题。

（2）传统城市基础设施与绿色发展之间的矛盾

传统的城市废水废物是由污水处理厂、垃圾场这些灰色基础设施进行处理的，其高能耗、高物耗的末端处理方法已不适应城市绿色发展新理念。处于城市边缘被人们嫌弃的传统处理设施对环境和景观的负面影响显著，与周边城市用地的矛盾越来越大。如何从根本上改变这些设施的设计理念和运作方式，使城市废物可循环、资源化，是城市可持续发展的重要内容。

8.3.3 总体理念

本项目的核心理念是构建一个让水资源、营养物、生物质和能源都得以持续循环的绿色基础设施环境综合服务系统（图8.3-1）。宜兴城市生态综合体不只是座普通的生态公园，更是一个物质净化循环系统。在保护和提升自然环境和景观品质的前提下，设计不仅要满足城市的污水、餐厨垃圾的处理需求，而且要对其进行资源化转换，并用于支撑综合体设施农业的运作与维护。综合体还将成为环科新城在城市生态景观建设、前沿环保科技研发和高效农业转化方面的重要平台，为展示宜兴的"环境科技之都"形象作出贡献（图8.3-2）。

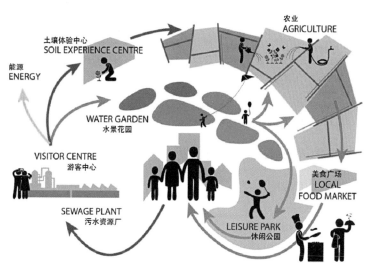

图8.3-1 基于循环理念的绿色基础设施环境综合服务系统

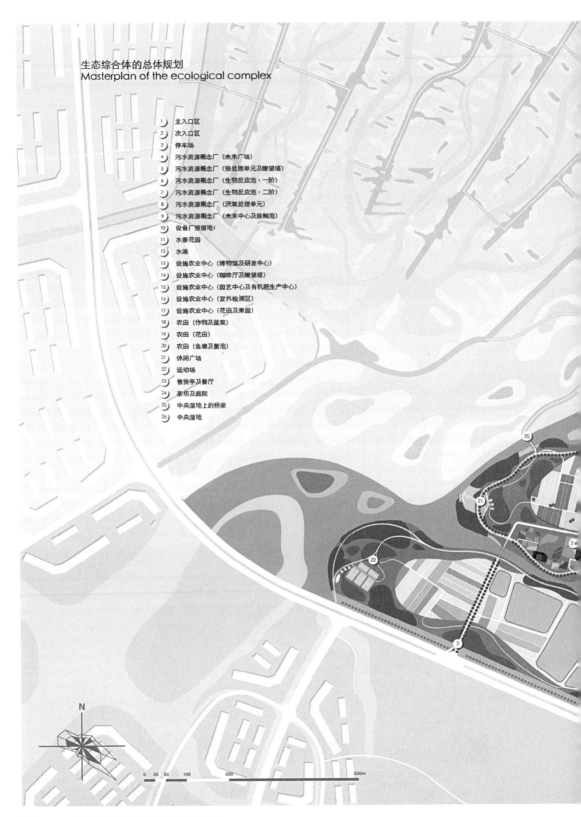

生态综合体的总体规划
Masterplan of the ecological complex

1) 主入口区
2) 次入口区
3) 停车场
4) 污水资源概念厂（未来广场）
5) 污水资源概念厂（预处理单元及瞭望塔）
6) 污水资源概念厂（生物反应池，一阶）
7) 污水资源概念厂（生物反应池，二阶）
8) 污水资源概念厂（厌氧处理单元）
9) 污水资源概念厂（未来中心及接触池）
10) 设备厂预留地
11) 水景花园
12) 水渠
13) 设施农业中心（博物馆及研发中心）
14) 设施农业中心（咖啡厅及瞭望塔）
15) 设施农业中心（园艺中心及有机肥生产中心）
16) 设施农业中心（室外检测区）
17) 设施农业中心（花田及果园）
18) 农田（作物及蔬菜）
19) 农田（花田）
20) 农田（鱼塘及蟹池）
21) 休闲广场
22) 运动场
23) 售货亭及餐厅
24) 茶坊及庭院
25) 中央湿地上的桥梁
26) 中央湿地

N

0 25 50　100　　　200　　　　　　　500m

图8.3-2　宜兴城市生态综合体总平面图

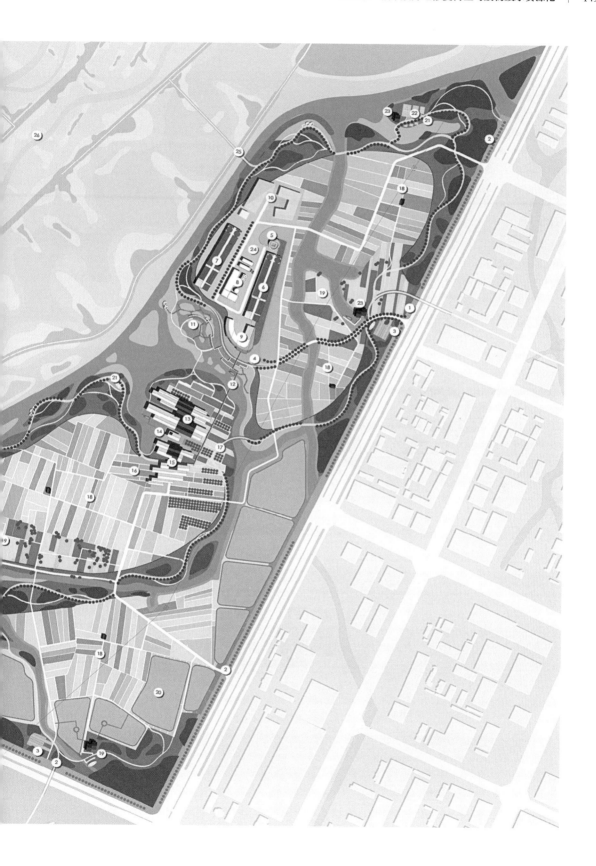

8.3.4 设计策略

8.3.4.1 可持续循环圈

本项目以"可持续循环圈"为核心理念，突破资源和能源在传统城市基础设施中往往只能单向流动的局限，构建水循环圈、营养物循环圈、能源循环圈以及休闲教育循环圈4个"无限"循环圈，共同组成综合可持续循环系统（图8.3-3）。

图8.3-3　4个"无限"循环圈

图8.3-3 4个"无限"循环圈(续)

以污水资源概念厂（简称"概念厂"）为出发点，将污水和餐厨垃圾进行分离和处理，产生可再利用的资源。净化后的污水一部分通过水景花园后回补园区内部水系，最终汇入西侧的中央湿地，为场地内外的水系水环境健康提供强有力的保障；另一部分通过景观水渠输送至设施农业公园中，为其提供生产和灌溉用水。

污水净化过程中产生的淤泥与餐厨垃圾一起在概念厂生物质处理中心经过厌氧、脱水等处理，成为有机肥料后同样应用于设施农业中，同时还可在园艺中心进行销售。水处理和有机物处理过程中产生的沼气经过收集提纯后用于发电，产生的能源可供概念厂及设施农业温室使用。

休闲教育循环圈起始于概念厂中未来中心的水科技馆，并贯穿于整个综合体，在引导参观者全面了解未来城市水、生物质处理过程的同时，通过生态公园的环道和其他功能区为大众带来自然教育、环境体验和休闲游憩的体验。

8.3.4.2　污水资源概念厂

宜兴城市污水资源概念厂是综合体的心脏，也是园区内所有循环圈的起点。概念厂的设计摒弃城市污水处理厂的传统模式，集成了污水处理、资源再生利用等功能，融合了环境教育和研发功能，同时也是综合体的标志形象。概念厂的智慧管理、交流培训、环教展示等模块成为专家学者、当地居民和园区游客分享信息和学习知识的重要节点（图8.3-4、图8.3-5）。

概念厂的整体布局和景观设计坚持"绿色、开放、体验"三大理念：利用预留于场地中心、贯穿南北的两个楔形空间，将厂区内外景观环境引入厂区内部，同时楔形空间也成为整个厂区雨洪调控以及景观视线的主要通廊（图8.3-6）；概念厂周边不设任何人工隔离措施，依靠周边河道以及微地形调整形成的湿地，与周边生态综合体的其他功能区自然分离；厂区建筑和设施按功能进行集约、组团式设计，通过对体量、高度和外部材料的控制形成环科新城门户一道独特的风景线；设计充分展现开放性，利用内、外景观空间以及特别参观步道，将环境教育和休闲体验引入厂区内部，同时满足专业人士参观学习和游客休闲游憩的需求；在景观细节方面，设计以水、科技创新和绿色环保文化为切入点，结合交通流线设置景观塔、广场、水景、艺术小品等景观装置，以此为访客提供丰富的游览体验。

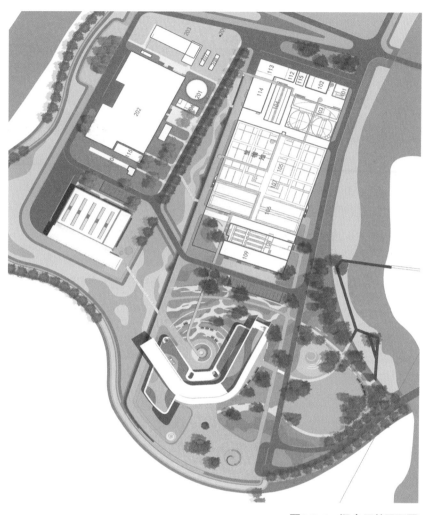

图8.3-4　概念厂总平面图

图8.3-5　概念厂鸟瞰效果

图8.3-6 楔形空间效果

8.3.4.3 设施农业中心和农业公园

设施农业中心和农业公园是综合体的终端,"循环圈"在此实现闭合。通过对场地内的现有农田、果园、鱼塘进行整合和改造,设施农业公园将污水资源概念厂生产的再生水、肥料和能源就地回用,成为宜兴现代化农业发展的典范,也建立了一个面向公众的农业公园体验平台。其核心包括作物区、实验花田和果树区、水产养殖区以及设施农业中心(图8.3-7、图8.3-8),在设计上既尊重当地生

图8.3-7 设施农业中心的中央广场效果

图8.3-8　玻璃温室白天效果

态环境和传统农业文化，又能满足现代都市人对田园生活的向往。设施农业中心集中展示农业在水、营养物循环过程中扮演的重要角色，也服务于农业体验和科研需要。

8.3.4.4　环形生态公园

环形生态公园是综合体城市公园功能的主要载体，也是联系其核心功能之间的桥梁。依托园区内的现状水系和生态景观基础，通过融入景观塑形、植物种植、休闲设施、体育运动设施、广场空间等元素，形成一个功能完善的生态景观公园。

"无限循环"的公园环道设计是环形生态公园的亮点（图8.3-9），以一条长约5km的慢行环道为基础，不仅满足综合体内部观光车交通、游人骑行和慢跑

图8.3-9　公园环道效果

图8.3-10　水景花园效果

功能，还将污水资源概念厂、未来中心和未来广场、水景花园（图8.3-10）、设施农业中心以及其他公园设施串联成一个完整的休闲游憩网络。沿公园环道布置了15个环保展览广场，广场配备独立的室内外展示设施，为环科新城的绿色环保企业提供相互交流和对外展示的平台。

8.3.5　总结

宜兴城市生态综合体代表了目前最先进的城市绿色发展理念，与宜兴本地的自然环境基底和环科新城的定位充分契合，通过有机整合污水资源概念厂、现代设施农业、生态景观公园等核心功能，实现物质良性循环、能量合理利用和公共服务功能的相互融合。本案例推进了传统灰色基础设施向绿色基础设施的转变，实现了废水、废物的资源化利用，发挥了环境综合服务功能，为城市永续发展探索了可推广、可复制的新模式。

第九章

社区共建花园
与参与共享景观

19世纪初期，社区花园（community garden）起源于德国，最初的目的是在困难时期补给粮食。目前，社区花园逐渐经成为城市绿化和社区建设的重要组成部分，存在于居住区、街边、校园、医院、公园等空间，社区邻里、非营利组织、政府等多方参与，为人们提供与自然环境互动的机会（王蓝，2021）。在存量更新时代下，城市社区更新改造中的公众参与成为一种趋势，共建共享的社区花园成为城市更新过程中弥补人居环境空间的不足和让集体住宅重回有温度的生活共同体的创新模式（刘佳燕 等，2019）。共建共享是社区花园发展的重要趋势之一，社区居民可以共同参与社区花园的规划、建设和管理，实现资源共享和责任共担。这种共建共享的模式可以增强社区居民的凝聚力和归属感，同时也可以提高社区花园的使用效率和维护质量。社区花园不仅是一个绿化空间，更是一个社交和文化交流的场所，社区居民可以通过参加各种活动和项目，实现互动和参与。这种互动参与的模式可以促进社区居民之间的交流与合作，同时也可以提高社区花园的文化内涵和社会价值（赵莹莹，2020）。

从治理角度看，社区花园可分为自上而下和自下而上两大类，具体又可分为6种，即纯粹自上而下型花园、社区参与建设型自上而下花园、雇佣专业人士参与管理型自下而上花园、志愿者辅助型自下而上花园、纯粹自下而上型花园、政府或行政机构支撑型自下而上花园；从主导主体看，又可分为3种模式，分别为政府组织、非政府组织和民众自发主导型。

党的十九大报告明确提出要"打造共建共治共享的社会治理格局"。2020年11月12日，习近平总书记在浦东开发开放30周年庆祝大会上的讲话中进一步提出了"人民城市人民建、人民城市为人民"的重要思想。我国共建社区花园在深圳、上海、北京等地已有不少实践。深圳市作为首个由政府推动共建社区花园的城市，于2020年6月开始社区花园的营造实践，已在当年建成了涵盖不同类型的120个共建社区花园；2014年，上海以火车菜园为代表开启了社区花园的建设，目前上海已建成近90座社区花园（陈欢，2022）；2016年，北京老城胡同进行社区花园实践，以居民自发营造的小微花园为基础，探索社区公众参与营造的老城更新模式（侯晓蕾，2019）。一些新技术也被运用到公众参与中，比如利用社交媒体平台，可以将城市规划和城市设计的信息传递给更多公众，并收集他们的反馈意见。美国旧金山市政府在2014年推出了一个名为"开放旧金山"（Open San Francisco）的项目，旨在通过社交媒体平台收集公众对于城市公共空间的需求和建议。这个项目得到了公众的广泛关注和参与，为城市规划和城市设计提供了重要的参考。

互动体验是参与式景观设计的另一个重要内容。景观不再是被观赏的"景"，而是可以深度参与和互动的场所。具体设计中除了运用艺术化景观装置、游乐体验设施提供互动体验外，还包括新科技手段的应用，比如将游戏元素融入城市规划和景观设计中，通过游戏化设计，让公众更加积极地参与到城市空间的建设和管理中来。澳大利亚墨尔本市的"墨尔本市：游戏"（City of Melbourne: The Game）项目就是一个成功的游戏化设计案例，玩家在游戏中完成一系列任务，可以帮助墨尔本市解决相关城市问题。此外，通过AI（人工智能）和虚拟现实技术，可以让公众更深入地参与体验景观场景。

9.1 案例一：追踪自然的足迹
——深圳市罗湖区共建花园①

9.1.1 项目背景

为探索社区治理新理念，提升社区环境品质和大众参与感，充分利用街道边角地、小区、学校闲置绿地等城市公共空间，深圳市城市管理和综合执法局牵头发起了以"共商、共建、共治、共享"的方式提升城市环境品质的共建花园运动。

翠园初级中学位于罗湖区黄贝街道，利用校园内一处功能不强的花园，以共建花园为主题，让学生们一起参与打造学习试验田、雨水花园、知识果园、岩石博物馆、雨林秘境、兰花培育园等15处创意景观。

9.1.2 面临问题

翠园初级中学的花园面积约1000m²，位于学校入口广场东侧、操场西侧，北部为教学区，南部有食堂。花园作为学校的重要地块，是学校师生每日用餐、去往操场的必经之路，但现状利用率低，未能完全发挥其教育功能，景观效果也有待提升。现状主要问题有（图9.1-1）：①场地面积较大，功能单一，利用率低，未能完全发挥教育功能；②植被种植情况良好，但缺乏层次，缺少花园氛围；③各功能分区缺少联系，较为割裂；④场地西北处光照充足，东南处因建筑遮挡较为阴暗。

---

① 设计公司：深圳草图景观设计有限公司。
　主要设计人员：黄彬凌、袁振宇、曹佳宁、马婷婷、陈烨。

图9.1-1 花园改造前状况

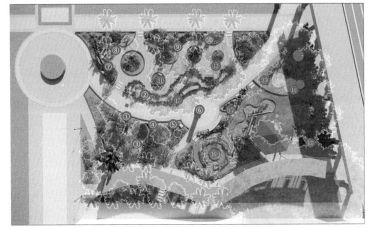

① 花园大门　⑮ 岩石博物馆
② 雨水花园　⑯ 锁孔花园
③ 果实花园　⑰ 洗手台
④ 昆虫观察站
⑤ 昆虫花境
⑥ 达尔文广场
⑦ 花园操作台
⑧ 休憩木桩
⑨ 树篱菜园
⑩ 塔形菜园
⑪ 螺旋菜园
⑫ 劳动花园
⑬ 雨林秘境
⑭ 大地艺术

图9.1-2 花园总平面图

9.1.3 总体理念

项目以花园为载体，提高师生在校园中的获得感、幸福感、归属感。从调研选址、组建设计工作坊、方案深化和整合、花园建设，到养护维护的全流程均由师生一起参与共建（图9.1-2）。

项目建设内容以"生命启园"的自然教育为主题，以学校文化底蕴作为设计基础，打造一处以老师、学生为主要服务对象的，具有观赏、休憩、自然教育功能的户外活动空间。项目设计了三大自然分区以及多个小分区，满足同学们对原始雨林、耕地农田及果园的学习需求。小小的花园，将自然世界微缩其中。学生们亲身参与花园建设过程，一起设计、铺设透水园路，搭建环保堆肥塔，将学校厨余垃圾、落叶等变废为宝，就地转化为有机肥料用于螺旋花园、塔形菜园中。

9.1.4　设计策略

9.1.4.1　师生共商共建

校长和老师们身体力行，与同学们一起参与劳动的各个环节。十年树木，百年树人，老师们合力栽下柠檬树，更种下了对同学们未来成长的美好期待。共建花园使教育落到空间中，让孩子们的辛勤付出和智慧结晶生长出硕果，而共同劳动也进一步增强了师生情谊。校园文化深入同学们的内心世界，从此孩子们拥有了一片自己创造的小天地、一片充满希望的成长乐土。

（1）以工作坊形式组织设计

经过前期的现状调研后，翠园初级中学组织开展了设计工作坊活动。活动由翠园初级中学约30位师生共同参与，为共建花园建言献策。

在教师代表介绍花园的历史及其景观功能后，教师组和学生组分别就各自关心的问题和改造思路展开讨论（图9.1-3）。教师组探讨的中心问题在于如何对现状缺乏特色的景观进行创新改造，使其更好地融入校园的整体景观；学生们则更关心花园的使用功能，希望增加更多的休憩空间。大家在协商中逐步达成了共识：结合花园现状情况，以学校文化底蕴为基础，打造一处具有观赏、休憩、自然教育功能的户外活动空间。

（2）整合优化达成共识方案

在设计理念和功能基本明确后，师生进入方案讨论和优化环节，不断推进方案达成共识。设计师对师生的想法进行收集，整合出三大自然分区以及多个小分区，回应了同学们对原始雨林、耕地农田及果园的学习需求，将自然世界微缩于小小的花园中（图9.1-4）。

图9.1-3　师生展开讨论

（3）以建造工作坊共建实施

师生们学习了植物移栽的方法和需要注意的事项，并各自有了需要负责的植物，让每位学生都树立起了主人翁意识，每一棵植物都被大家像宝贝一样小心翼翼地守护着（图9.1-5、图9.1-6）。

翠园初级中学共有45名师生参与此次共建活动，共同完成植物种植、树皮铺设、搬运花草等工作。大家在共建花园的过程中一起度过了充实且愉快的时光。大家在劳动中学习，在学习中成长。

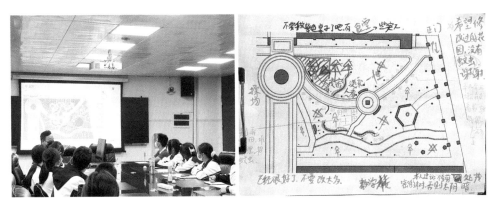

图9.1-4　方案优化及整合出图

图9.1-5　学生参与到植物移植

图9.1-6　老师给学生做植树示范

图9.1-7 树皮的循环利用

图9.1-8 学习试验田   图9.1-9 螺旋花园

9.1.4.2 自然的生命循环

雨林秘境区的地面被铺上平整的树皮。学生们几人一组，搬运树皮、合力铺洒、填埋平整，一个个步骤井然有序地进行。树皮资源的循环利用不仅改变了花园的美观性、增加了趣味性，学生们还在劳动中学习了树皮在水土保持、保温等方面的环境功能，了解到大自然物质循环的过程（图9.1-7）。

9.1.4.3 学习认识大自然

在岩石花境区设置科普牌，可以让学生们通过观察、触摸等直观的方式学习三大类型的岩石知识，了解岩石的形成和发生，激发学生们探索自然奥秘的兴趣。

在学习试验田中，通过多样的标识牌，学生们可以深入了解多样的花园种植形式、不同菜园的建造方法、不同作物的栽培方法，以及植物组合搭配的作用（如改善土壤条件，创造适宜蚯蚓等生物生长的生存环境）。通过搭建低维护的螺旋花园，还能学习到能量循环的原理。通过对菜园种植科学原理的实践，学会对土地资源的珍惜（图9.1-8、图9.1-9）。

9.1.5 结语

本项目以校园绿色公共空间为载体，调动师生力量，通过共同设计、建造、维护校园共建花园的模式，既能让孩子们全过程动手参与、锻炼核心素养，又丰

图9.1-10　花园改造前后对比

图9.1-11　建成后的花园

富了自然科学教育方式、提升了教学趣味性，是一种引导师生共同参与校园建设管理的创新模式（图9.1-10、图9.1-11）。

9.2　案例二：自然华盖下的生活场景
——深圳市文心公园更新改造①

9.2.1　项目背景

经过四十多年的发展，深圳市城市环境建设取得了巨大的成就。1979年建市之初，深圳仅有两座公园，截至2021年已建成1238座各类公园，深圳成为名副其实的"千园之城"。未来，深圳市将进一步落实"公园城市"理念，构建全域公园体系，打造公园里的城市，计划到2035年建成不少于1500座公园，居民步行5分钟可达开敞空间。社区公园成为构建"公园城市"、满足居民生活需求的重要

① 设计公司：深圳市未名设计顾问有限公司、北京远洋景观规划设计院有限公司（深圳分公司）。
主要设计人员：车迪、杨帆、谢园、蔡恬岚、刘玥、林苑、覃作仕、黄舒婷、钟锋、张迪、莫凤妮、彭渲、况紫莹、王玮嵩、张明富、徐伟琦、陈昕、杨丽萍、张越。

组成部分。但是，城市高密度建成区中新建公园绿地的增量空间有限，老旧社区公园的改造升级将成为公园城市品质升级的重点突破方向，也为绿色基础设施融入城市生活探讨了新的实现方式。

深圳市南山区文心公园位于南海大道与滨海大道的交会处，紧邻南山书城，文化气息浓厚，商业配套齐全，周边居民社区密布，是南山中心区难得的绿色公共空间（图9.2-1）。公园始建于2004年，总面积26732m²，其中地铁上盖占用3753m²，改造前公园实际使用面积22979m²。

图9.2-1　高密度建成区中的文心公园

图9.2-2   公园改造前的使用场景

公园与城市相伴发展近二十年，内部树木已蔚然成林，不仅为市民提供宝贵的自然庇护，还形成了较为稳定的城市公园生境（图9.2-2）。但是传统的设计手法导致乔木组团浓密，郁闭度高，形成一定的卫生和安全隐患，同时林下恣意生长的灌木、草地不断抢占居民的活动空间，运动、休闲、社交、育儿人群时常因活动空间不足而发生冲突。为满足人民日益增长的美好生活愿景，重新赋予公园新的时代内涵，深圳市南山区城市管理和综合执法局特开展本次提升改造工作。

9.2.2　面临问题

（1）高密度建成区中公园服务拓展的难度

公园周边均为建成区，公园成了南山中心区一块相对孤立的绿色斑块，周边可拓展空间有限，较难融入区域整体生态服务网络。公园内部植物群落、草坪等空间可突破体量有限，只能在现状基础上进行品质升级。

（2）树木保护与硬质活动空间拓展的冲突

随着城市建设发展，周边居民数量激增，公园活动空间有限，不同使用人群冲突难以协调，居民希望减少植物、增加硬质活动空间的诉求越来越多。但是，随着树木保护相关政策的出台，社区公园的改造提升更需审慎对待，树木不再是绿化的素材，需在保护的基础上利用林下空间，重新思考树木与生活场景的关系。

（3）有限空间内多元活动需求的平衡

公园现状使用者数量众多，且人群需求多元：老人们希望有更多的广场舞、吹拉弹唱与棋牌娱乐的空间，孩子们急需一个专门的儿童活动区，青年人需要连续的健身跑道、亲子活动空间以及安静的独处空间。设计者需要使用者的日常活动观察需求，尊重原有使用习惯，平衡公众利益主体诉求，解决痛点问题。

9.2.3　设计策略

更新改造下的公园场地，重新思考树木与生活的场景关系，文心公园将打造为周边居民日常休闲的优选目的地。以乔木群落为绿色基础设施的骨架，延续了公园的绿色记忆，也成为使用者的自然遮蔽，同时围绕林的元素和利用方式，形成丰富的公园生活场景，以实践为基础逐步促进社区公园建设标准的提升。

9.2.3.1　识别潜力价值点

（1）宝贵的乔木群落

经过长时间使用，公园品质下降，难以满足居民对美好生活的需求。公园中的树木已经生长形成良好群落，木棉、樟树、杉树、凤凰木、枇杷、荔枝等树木树冠交错，紫薇、黄槿、鸡蛋花等树种形成了丰富的季相变化，各种树木组团疏密有致，形成了变化林窗，还通过舒展的林缘为使用者提供自然遮蔽，也为公园中的鸟类提供了丰富的食物来源，共同组成较为稳定的城市公园生物群。露兜树、大王椰、蒲葵等有特征感的植物还可作为公园的记忆特征予以延续。

（2）开阔的中心草坪

公园中心原为一整块开阔的草坪，由于硬质活动空间不足，草坪成为改造前活动集中开展的空间。但是传统的草坪做法容易积水，深圳的气候又湿润多雨，造成草坪雨后难以让人活动且长时间积水容易烂根等问题。设计可通过海绵化工艺，提升草坪的雨水滞蓄和下渗能力，作为公园内的又一海绵设施。

（3）被忽视的池塘水景

公园西北角原有一个硬质池底和水泥收边的池塘，其中无法流动的水体容易黑臭，也无法实现与土壤、植物等进行交流、净化，成为公园中无人问津的灰空间。设计可将硬质池塘改造升级为旱溪景观，弹性收集并积蓄公园中的雨水径流，提升公园的生态服务功能。

9.2.3.2　洞察活动需求

设计秉持"眼里有社会、心中有人"的理念，通过观察、问卷和访谈等方式在公园中进行平时和周末的全天候调研，发现场地真问题，在调研的过程中实现从对话描摹到场景描摹的跃迁，在设计中实现全龄友好、尊重爱好。

图9.2-3　街道景观与公园一体化设计

9.2.3.3　绿地统筹，城园一体

公园不仅是一块绿色斑块，也是在区域视角下融入生态网络的节点，是城市与街区发展的生活载体。设计通过多方协调，将文心公园西侧地铁上盖的临时用地正式纳入公园范围，为公园拓展使用功能提供空间上的可能性，并将道路绿地与公园绿地充分整合，实现公园组团与街区植物廊道的有效衔接（图9.2-3）。

设计梳理周边人流方向，明确使用特征，研究可达性与通行速度之间的关系，整合滨海大道辅道、滨海大道过街天桥、南海大道等道路空间，形成外部街区环线，与公园进行一体化设计，统筹协调工程时序，减少对周边城市生活的影响。利用地铁上盖绿地设置休闲书吧，将阅读功能引入公园，书吧内通过提供轻食、咖啡等餐饮服务，为改善传统公园配套服务单一的困境提供了有效的解决思路。

9.2.3.4　自然华盖，林荫生活

文心公园内保留有496株原有树木，它们树冠相错，亭亭交织，宛若华盖，在深圳漫长的夏日里为游人提供自然的荫蔽空间。设计尊重公园原有的每一棵树，让树木展示生命的自由与曼妙，并以树为中心构成连续的沉浸式画幅。按照不同的生活场景，对林下、林缘、林间进行再塑造，以更开放的绿色空间激发使用者的参与感（图9.2-4）。

（1）林缘处落座

草坪周边树木成林，高大的林冠向四周伸展，于林缘线下方清理地被灌木，增设条石座椅和流线型休闲座椅组合，以林缘为框描绘出生活场景（图9.2-5）。

（2）林间慢跑散步

于绿林与草坪之间随地就势设计慢跑及散步路线，将其巧妙融入自然，同时实现3m宽环线跑道长度的最大化，并以1.8m宽的步道连通各组团活动空间，通

过这两级路径有效解决公园内部的路权冲突（图9.2-6）。

（3）林窗下游戏

利用原有的地被灌木空间，于起伏地形之间为孩童们创造林下的"无动力乐园"。以阵列式植物组团修饰边界，用灰、黄、橙色塑胶地垫铺设出安全的活动空间；外观纤细、质量可靠的S形白色钢架穿梭于林间，秋千、弹跳蹦床、旋转木马、多功能运动爬架等器械令孩子们乐不思蜀，于动静之中得到启蒙，增强身体机能，持续探索能力的边界（图9.2-7、图9.2-8）。

（4）林荫中舒展

林荫下是林间最为生动的环境。在这里，阳光是细碎的、闪动的，人也跟着活泼起来。林荫下最适宜健身，这里铺设了配色高级、质地柔软的地垫，配备了齐全的运动器械，增强行人驻留的吸引力。运动是具备魔力的，可以使乐趣蔓延，也使场地成为文心公园的活力焦点（图9.2-9）。

（5）林荫下多元社交

廊架前的广场与活动平台融为一体，围合成公园客厅、后花园和天井院落。坐在廊下观树观水，赏花赏叶，棋牌、攀谈、阅读、打太极拳等活动各得其所，老人、成年人、孩子安全共处，成为公园的社交中心（图9.2-10）。

图9.2-4　保留公园内的原有树木

图9.2-5　林缘下的休憩空间

图9.2-6　主次环线实现快慢分离，功能有序

图9.2-7　融美学与质量于一体的儿童乐园

图9.2-8　一方乐园承载着孩子们洋溢的童年快乐　　图9.2-9　林间氧吧，智慧健身服务专家

图9.2-10　廊架前广场衔接草坪，成为公园客厅　　图9.2-11　密林微坡变身为多功能小剧场

廊架后的场地林冠蔓延，结成自然穹顶，成为公园上盖。设计借助微坡地势，以自然石材拼贴成叠级坐凳，浓密的地被植物摇身一变成为林下平台，点缀以线性灯饰，将原先利用率低的灰空间改造成为多功能小剧场，吸引老年乐团、社区电影、公园宣传、儿童舞台剧集聚，极大地强化了公园的活动参与体验（图9.2-11）。

9.2.3.5　阳光草坪，复合活动

俯瞰公园，丛林环抱着中心草坪，如自然之手，掬一捧自由的乐园奉献给城市。设计仍将开敞草坪作为公园的中心，在不减少使用面积的前提下进行完形设计，同时与周边的林木交融，通过海绵化改造提升草坪的性能，实现雨后24小时内可排干。

草坪中心增加"文心之砚"，塑造精神核心，变化的地形和曲面适合孩子们自由攀爬，激发无限的乐趣（图9.2-12、图9.2-13）。无界草坪弹性兼容，吸引周边居民以自己喜欢的方式融入自然、参与自然，平坦开阔的草坪吸引孩子们踢球、追逐嬉戏、与朋友们一起运动，也是家长陪伴孩子的亲子空间，牵手漫步的情侣、席地而坐的人们都能找到舒适的位置。

图9.2-12　文心之砚重新塑造草坪核心　图9.2-13　变换的地形和曲面适合孩子们自由
攀爬

图9.2-14　颜值与功能兼具的旱溪景观

9.2.3.6　弹性旱溪，参与海绵

设计将原本困在角落里的水塘改造为弹性的旱溪景观，融合地形与林下景观，以砾石铺底来自然净化水体，以耐水湿植物形成生态护岸，丰富景观效果的同时实现海绵功能，全年可蓄滞消纳径流量约1475m³（图9.2-14）。

这里白天有天光云影，夜晚有虫鸣蛙叫。水波、灯光与植物的气息治愈城市劳作者的疲惫，人人仿佛归田园居。孩子们在此处戏水捞鱼、涉水摸虾，体会到父辈成长过程中无忧无虑的童年环境。

9.2.4　结语

从"千园之城"到"公园城市"，社区公园滋养着居民的日常生活。文心公园景观升级改造后，成功驱动了城市居民生活方式的变化。每天清晨5点半，晨练的老人们拉开公园生活的序幕。随后，跑步者、棋牌常客、广场舞团队、踢毽组织、球类爱好者、习琴人群、阅读青年、玩耍的儿童……不同人群默契地匹配到公园内适宜自身的时间段和空间位，各类活动有序衔接，直至夜深这里还处处彰显着生活之美。

　　树木亭亭如盖，延续着公园的绿色记忆，也探索了绿色基础设施为居民生活提供服务的多元方式，闲适、丰富的公园生活逐渐融入了周边居民的生活日常。行至园间，心安此处，畅享自然华盖下的公园生活。这是设计使命的城市践行，更是现代公园精神的传承和人本初心的体现（图9.2-15）。

图9.2-15　文心公园改造升级建成后的效果

第十章

生态游憩与郊野
自然体验

在生态文明和乡村振兴的背景下,生态游憩正逐渐成为人们关注的热点,其重要性愈发凸显。生态游憩是指以自然生态环境为主要内容的旅游活动。作为旅游业重要的组成部分,生态旅游在世界旅游业及中国旅游业中扮演着重要的角色。生态游憩不仅能够满足人们对休闲娱乐的需求,更能够提供独特的生态体验,促进可持续发展和生态环境保护。当前生态旅游项目综合运用了生态规划、设计与管理、创新性数字化体验与自然教育结合的方法,通过加强社区参与度,鼓励和支持当地社区参与旅游规划、管理和经营,实现旅游业与社区的共同发展和共赢。

乡建文旅是生态游憩的重要形式类型,能够有效推动乡村振兴战略的实施。当前,城市居民对乡村自然环境和农耕文化的向往日益增加,通过打造生态游憩和自然体验项目,可以吸引人流和资金进入乡村地区,带动当地经济发展,改善农民收入,提高乡村居民的生活质量。同时,这些项目也能够保护和传承乡村的历史文化,促进乡村文化的繁荣。此外,这些项目通常以自然资源和生态环境为基础,强调生态保护和可持续利用。通过合理规划和设计,可以最大限度地保护和恢复生态系统,减少对自然资源的开发和破坏。乡村生态旅游的开发能够提高人们对自然环境的认识和保护意识,培养人们对生态环境的热爱和责任感。乡建文旅和自然体验是绿色基础设施的重要组成部分,通过合理规划和设计来协调生态旅游中生态与游憩的关系。

随着生态旅游休闲化的升级步伐加快,生态旅游产品已从"观光"模式发展到"体验"模式,从朴素的农家乐体验发展到精品民宿度假。浙江莫干山裸心谷、台湾香格里拉休闲农场等项目成为经典案例。野奢酒店是以山野、乡野、郊野、田园等优质风景资源为背景创造的低奢或轻奢型酒店,为人们舒适地亲近绝美自然景观提供了独特方式,代表案例包括日本虹夕诺雅度假村、芬兰北极树屋酒店(Arctic Tree House Hotel)等。在体验经济的时代背景下,乡村生态精品民宿将成为生态旅游的发展方向,包括位于四川巴中市恩阳古镇北入口的花间堂精品民宿、云台山生态康养休闲度假区等。

10.1 案例一：与自然共生长的轻介入设计
——北京丁香谷森林文化体验基地[①]

10.1.1 项目背景

在快速城镇化进程中，大量的自然森林被城市的钢筋混凝土森林所取代。北京高效率、快节奏的城市生活使得城市居民难以接触自然森林，而城市中园艺化、工业化的市民休闲公园，已经难以满足城市居民对亲近自然的需求。"回归自然"成为城市居民的新理想，城市居民对自然森林的向往日益增加，由此带来了森林文化体验旅游的兴起。森林文化体验的核心就是利用森林资源进行休闲娱乐的活动。近年来，我国森林文化体验式旅游迅速发展，成为新兴旅游的形式之一。

北京拥有丰富的森林资源，市政府积极推动森林文化建设。北京市园林绿化局确定了五个森林文化重点建设基地，分别是八达岭国家森林公园、西山国家森林公园、百望山森林公园、松山国家级自然保护区、密云区东邵渠镇史长峪村。

本项目位于北京延庆区八达岭林场的一条沟谷之内（图10.1-1）。华北地区

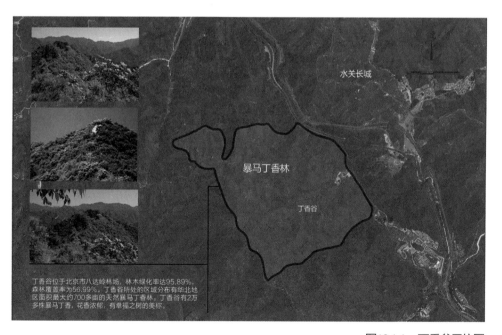

图10.1-1 丁香谷区位图

① 设计公司：北京一方天地环境景观规划设计咨询有限公司。
主要设计人员：栾博、王鑫、刘拓、凡新、Roel Wolters、安建飞等。

面积最大的天然暴马丁香林分布于此，花香浓郁，因此得名丁香谷。沟谷内物种丰富，林木繁茂，植被覆盖率高达96%，与水关长城隔山相望。在保护林木资源的前提下，经过谨慎选址，这里将适量建造与森林融为一体的生态精品体验建筑，打造北京地区独一无二的森林文化体验基地。

10.1.2　面临的挑战

（1）在开发中保护原生生态基底

项目用地自然生态环境良好，植被茂密，项目开发首先要应对生态环境基底保护的问题。在以往的项目开发过程中，往往疏于对生态基地的保护，恶化的生态环境又影响项目开发，形成恶性循环。因此合适的开发模式对森林文化体验基地至关重要。

（2）结合现状基底营造体验式景观

场地内有丰富的地形及植被，在保护生态环境基底的基础上，结合场地内树林、陡坡、山溪等现状资源，营造丰富的森林文化体验式景观是项目成功的关键。

（3）在景观中展示地域特色及森林文化

项目还需要应对如何展示场地的地域特色与森林文化的问题。让远离森林文化的城市居民在本设计中体验森林、感受自然，满足城市居民对自然森林向往的需求是本项目的设计目标之一。

10.1.3　总体理念

在充分理解场地现状的基础上，本项目采用了以"最少的介入营造丰富的体验"的设计原则。在充分保护、利用现有自然条件的前提下，因地制宜、重点改造溪流水系、步道系统、公共空间、休憩设施等休闲体验所需的关键性景观要素，使之成为自然中的点睛之笔。设计力求最大限度地维护与体现原汁原味的自然环境，用最少的干扰实现人们最舒适的游憩体验（图10.1-2）。

10.1.4　设计策略

10.1.4.1　维护原生植被基底，以乡土植物辅助恢复生态

场地现状植被丰盈，生态本底较好，本项目首先需要应对如何处理建造开发与原生生态保护的问题。设计确定了对现有植被群落进行最大限度的保护及科学更新、对建筑建设中的局部扰动进行生态恢复的原则，协助生态系统进行自然健康演替。在公共空间、建筑周边等主要节点适量补植具有地域特色的景观植物，在维护整体原生风貌的同时，适量运用乡土景观植物，丰富近人尺度的景观（图10.1-3）。

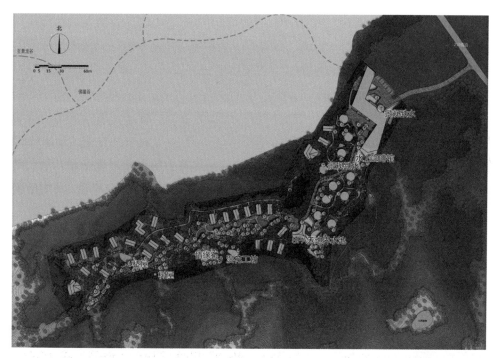

图10.1-2 丁香谷规划总平面图

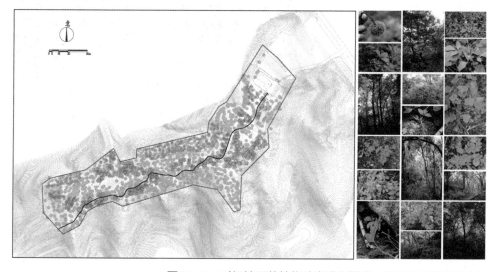

图10.1-3 对场地现状植物种类进行摸底，并确定补植植物种类

10.1.4.2 营造自然体验，提供多样化设施与人性场所

（1）构建丰富体验的游憩系统

以人的体验方式为依据，设计提出了动静结合的森林文化体验系统。体验系统由多种步道与分类休憩点构成，既可登高观景，也可临水静思；既可林中漫

步，也可围坐小憩（图10.1-4、图10.1-5）。同时，根据不同的行为与活动特征，定制化设计了长凳、躺椅、吊椅、台桌等十余种休息体验设施，确保人们在原生自然中享受最舒适和贴心的体验。

（2）设置独特的景观场所

因地制宜，充分利用现状谷地形态，营造溪流、浅滩、深潭、叠瀑、石堰相结合的多样自然水景，成为全区的景观核心，丰富游人在林谷中的亲水体验（图10.1-6）。在满足亲水体验需求的同时，景观水系中的水潭溪流还兼具中水回用净化、雨水调蓄、山洪滞纳等生态功能。石堰堰口宽度、整体河道坡降均根据山洪数据计算确定。

营造森林中适应不同需求的体验场所。林中点状置入不同级别与类型的宜人场所，包括私家后院、宅间场所、公共空间等，可满足不同人群的需要。同时，结合林中自然特征，设计适合静思、冥想、闲谈、品茶、聚会等不同行为的空间场所，让人性化的场所充分融进自然山林（图10.1-7）。

图10.1-4 林中步道效果

图10.1-5 亲水平台夜景效果

图10.1-6 深潭、叠瀑效果

图10.1-7 在树林中设置不同功能的公共空间

10.1.4.3　展现独特的丁香特色与森林文化

依据区域特有的丁香特色，在场所空间的细节设计中植入丁香元素。通过丁香主题的铺装样式、米黄+墨绿+黑色的丁香主题色调、室外丁香主题种植等手法烘托场地的丁香花林氛围。同时结合场地本身的自然与人文特征，用趣味与亲切的方式设计自然解说与故事系统，有助于人们在体验中了解自然，形成尊重自然、保护自然的生态意识。

本项目使用当地特色建材，结合乡土化建筑风格，采用自然营建方式，景观材质也遵循乡土、自然的原则，呈现"自然与人相互融合"的森林文化核心。设计多用当地石材作为主要道路铺装及石挡墙，采用树枝木材作为建筑立面材料，观景平台采用轻质钢木结构，使人造景观宛若天成，毫不突兀地出现在场地内（图10.1-8）。

图10.1-8　建成后的观景平台效果

10.1.5　总结

轻介入、低影响开发是实现人与自然和谐共生的有效途径。以往的破坏式、人工化、工业化的景观营造方式，已经难以满足新时代人们向往自然、回归自然的心理需求。本项目低影响的景观设计思路，是对可持续的、低介入的森林文化高端文旅项目景观营建模式的一次实践，对促进生态文明建设、促进资源环境与经济社会可持续发展具有重要的现实意义（图10.1-9）。

图10.1-9　远望长城，建筑与山林融为一体

10.2　案例二：生长的苗乡圣境
——安顺市格凸河帐篷酒店可持续设计[①]

10.2.1　项目背景

贵州是世界著名的山地旅游目的地，境内旅游资源丰富，其中格凸河穿洞国家级风景名胜区、黄果树风景名胜区、龙宫风景名胜区形成了贵州的旅游"黄金三角区"。项目所在地紫云苗族布依族自治县水塘镇坝寨村便位于"黄金三角区"的东南角，距离格凸河穿洞国家级风景名胜区仅5.3km。坝寨村隶属贵州省安顺市管辖，地处安静宜人、天朗气清的大山深处。它像贵州大部分山村一样，长久以来保持着中国传统的农耕生活方式，但基础设施和配套服务相对落后。

传统的农业模式、低强度的土地开发、得天独厚的生态环境使坝寨村拥有山、水、田、林和谐共生的人居环境和生态格局。安顺市人民政府为了促进国民经济和旅游产业的发展，结合国家的乡村振兴战略，编制了《紫云格凸河穿洞国家级风景名胜区总体规划（2012-2025）》。规划确定了户外运动、综合服务、自然体验、别墅度假、露营、文化体验、帐篷酒店等9个分区，其中帐篷酒店是以坝寨村为基础，结合村寨周边的山水田林资源，服务格凸河穿洞国家级风景名胜区的高端休闲度假酒店。

基地属丘陵地带，占地23.7hm²，地势整体北低南高、一侧近水、三面环山，以林地、梯田、村寨和西北侧格凸河岸狭长的滩地区域为主要地貌特征。村寨依山就势，布局合理；原生林地高低起伏，空间丰富，植被丰茂；周边梯田顺坡而下，视线俱佳，皆可远眺崖壁；田地与林地交错，形成时而开阔、时而幽闭的空间（图10.2-1）。

10.2.2　面临问题

（1）山区开发建设与生态保护的冲突

基地如世外桃源般存在，源于世代延续的农耕生活与原生环境之间的平衡。村寨以集中聚落的形式和适当的规模，与原生环境保持着一种友好共生的关系。酒店的开发建设应严控开发强度，因地制宜地合理利用山、水、田、林的本底资源。

[①] 设计公司：北京一方天地环境景观规划设计咨询有限公司。
　主要设计人员：栾博、王鑫、邵文威、刘拓、陈鉴熹、金越延、李岳凌等。

图10.2-1　基地的现状资源环境

（2）乡村地域建筑风貌的传承

村寨原有民房十几座，依退台地形错落而建，既有建于20世纪50年代的坡顶全木制房屋，也有砖混结构、艳丽瓷砖饰面的多层平顶楼房。传统木制民宅年久失修，没有得到良好的保护和形式上的传承，近年来新建楼房的大体量和外观令其凸显在环境之中，毫无演替的建筑形式让坝寨村已经丢失了原有的地域建筑风貌特色。新建酒店的规划和营造应传承地域建筑的风貌与特色，在立足本土建筑文化的基础上，展现村寨的空间格局与建筑形式的演替更新。

（3）文旅产业价值与乡村经济发展的融合

创新发展乡村生态文化旅游，不仅是形成一个产业，也是呈现一种生态的生活方式。本项目围绕"亚鲁王文化""苗文化"，以自然和文化体验营造一种别样的乡村野奢趣味。通过自然生态文化旅游带动当地旅游业整体发展，通过配套村寨的基础设施，提升居住的舒适性，推动美丽宜居乡村建设。

10.2.3　设计策略

以格凸河穿洞国家级风景名胜区及周边区域的自然资源为依托，以帐篷露营为体验，以苗族文化为基底，构建一个集自然观光、文化体验、休闲娱乐、主题度假于一体的高端复合型度假酒店。

（1）生态适宜性原则

设计遵循区域用地适宜性的特点，尽量减少对原有生态系统的干扰，控制区域内较低的开发密度；保护原生态植被，增加新的、适应当地环境的景观树种，创造与环境相和谐的新景观；因势利导，量体裁衣，用最轻的设计提供全方位、多样化的野奢体验。

（2）突出地域特色原则

复合当地文化与多种自然体验，建筑及服务设施布局参考"靠山不居山，近水不傍水"的民居布局原则，打造"苗文化"精品酒店。利用本底条件和周围环境，摒弃园林化与造景化，通过乡土化设计彰显原生态的魅力；摒弃工业化与标准化，通过手工化与定制化展现人文情怀，营建帐篷酒店。

（3）可持续开发原则

整体布局采用"生长"的理念，保护现存植被并进行科学的维护更新，以保证生态系统的健康演替，不破坏和不干预原有林地、田地、河道滩地的环境基底。依山就势，就地取材，吸取本土营造精髓，尊重本土自然生态多样性，建立能源与水资源的可持续自循环。利用自给自足的可持续营建技术，尽可能减少对自然的负担，低成本、低维护地获得收益（图10.2-2 ~ 图10.2-4）。

图10.2-2　村寨原有的建筑格局

图10.2-3　具备保留价值的建筑格局

图10.2-4 村寨的功能更新与重建格局

10.2.4 设计特色

项目总规划面积23.7hm²,总建筑面积9880m²,容积率0.042。项目包括帐篷30间、入口体验区、接待中心、餐饮康体、图书馆、茶亭、苗药馆、手工艺坊、观星台、梯田泳池、后勤管理区等(图10.2-5)。

10.2.4.1 轻介入与生长

(1)轻介入

依山就势,借助林地和田地间隙的空间特性,布置居所空间,以最小的干预影响周边自然生态环境,打散酒店的复合功能。以村寨为核心服务设施区,通过园路连接其他服务设施,利用环境消解体量。

挖掘林边与林间的可利用空间,尊重和保护地貌植被,巧妙地借助间隙空间特性,在林下、田边形成帐篷相互独立的组团,在林间山中形成私密静享的居住空间。

(2)生长

方案提供了接待中心、山顶餐厅、梯田泳池、图书馆、苗药馆、手工艺坊、多功能厅、茶亭、后勤管理区等完善的配套服务,利用原有的村寨作为配套服务的载体。保留具有苗族传统民居形式的民宅,并对其加固和适度改造,更新使用功能。

对无法改造、不具备保留价值的非地域性建筑,规划建议拆除,利用拆除后的基底进行重建,将苗药馆、手工艺坊、多功能厅、后勤管理区等规划在原有的村寨格局中,并适当增加场地开发强度,"生长"出新的聚落细胞,与更新的老房子形成良好的融合共生关系,在保留其原始记忆的同时,赋予其新的意义,使其与周边田地、林地环境融合成一个具有情感延续的新聚落空间。

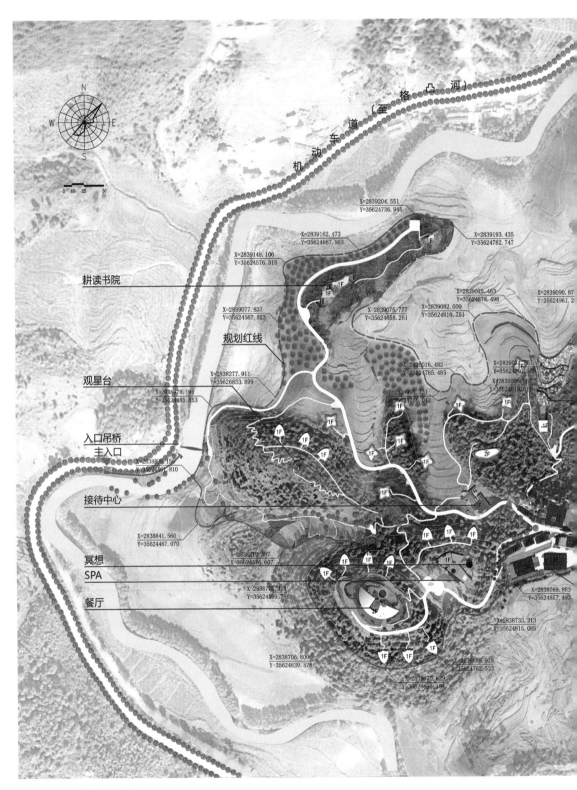

图10.2-5　项目总平面图

X=2839119.460
Y=35625114.508

X=2839086.421
Y=35625220.662

规划红线

X=2838995.457
Y=35625290.398

梯田泳池

X=2838935.150
Y=35625313.414

跳花场

X=2838907.094
Y=35625304.163

机动车入口
X=2838881.437
Y=35625175.566

苗药馆

X=2838805.051
Y=35624978.190
X=2838794.229
Y=35625017.604

X=2838805.299
Y=35625151.316

手工艺坊
多功能厅
X=2838787.929
Y=35625927.416

X=2838742.125
Y=35625105.923

后勤办公

员工宿舍

峰顶帐篷

10.2.4.2　野奢生活

（1）民族特色居所

设计以享受原生态的自然环境、体验与世隔绝的农耕生活为目的，限定酒店的客房为30间帐篷，以"轻介入"的方式将帐篷依山就势布局。借助林地和田地间隙的空间特性，见缝插针地布置于山腰、林下、田边空地，营造不同的聚落组团，让客人体验不同的场地环境特色（图10.2-6）。

为降低建设时损害植被环境的不利影响，凸显私密感的山腰帐篷以原有山路作为园路和帐篷的选址依据，使帐篷之间保持一定的距离，在保证私密感的同时更具有无与伦比的观景视线；承载帐篷的平台采用钢结构，以类似贵州民居吊脚楼的形式支架在山体上，令帐篷横挑于山林间。膜结构的帐篷外形以贵州苗族图腾——蝴蝶妈妈为原型，在夜幕降临时，散落在林间的一顶顶帐篷便如同夜空中萤火般的蝴蝶（图10.2-7～图10.2-9）。

（2）水帘洞山顶餐厅

利用山顶平整的场地、绝佳的视野，避让原有山顶的孤植枫树，在坎壁设置圆形入口。入口上方为椭圆形景观水池，中间有圆形玻璃舞台。入口处有水瀑，有人进入时自动感应装置便关闭水帘，人们方可进入甬道。甬道上方为圆形玻璃顶，天光经圆顶倾泻而下，如同进入喀斯特地貌的水帘洞一般（图10.2-10）。

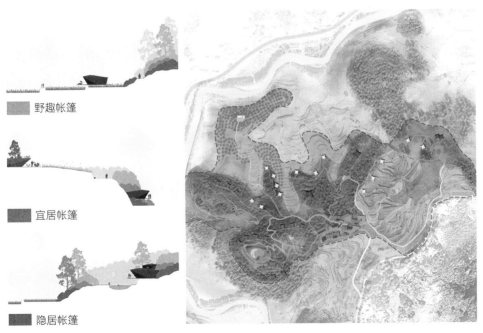

图10.2-6　以"轻介入"的方式，让客人体验不同的场地环境特色

图10.2-7　酒店鸟瞰

图10.2-8　形似飞舞蝴蝶的帐篷

图10.2-9　酒店夜景

图10.2-10　水帘洞山顶餐厅

（3）民俗特色体验

苗药铺、商铺及体验馆是酒店的特色项目，为传统中医界独树一帜的苗医文化提供一个对外展示的窗口。利用原有退台地形，将菜田、药田布置在入口区退台，形成色彩斑斓、气味独特的文化体验。

（4）星海梯田泳池

利用梯田的自然曲线和三面树林、一面朝山的环境特性，营造一个位于梯田中的无边界水池（图10.2-11）。水池是恒温、纯自然的生态泳池。恒温区设置吧台、沙发，池壁为苗族扎染的蓝色马赛克银河图案，LED灯光模拟星光，创造畅游星海的独特体验。

（5）花田采药生活区

设计利用现状农田进行优化改造，将部分帐篷布置在田间、草药花田旁。人们住在这里，清晨推开房门的第一眼便是花海、桑田、耕牛，闻到的便是花香和稻香，体验到一种最直接的、接近自然并体味农耕生活本真的特殊感受（图10.2-12）。

图10.2-11　无边界水池

图10.2-12　花田采药生活区

10.2.4.3　文化体验

（1）寻觅圣境

进入酒店园区的那一刻便是"圣境"体验的开始，恰如《桃花源记》所描述的一样："缘溪行，忘路之远近。忽逢桃花林，夹岸数百步，中无杂树，芳草鲜美，落英缤纷……山有小口，仿佛若有光。便舍船，从口入。初极狭，才通人。复行数十步，豁然开朗。土地平旷，屋舍俨然，有良田美池桑竹之属。阡陌交通，鸡犬相闻。"

（2）花舟吊桥

人们在入口区沿栈道进入竹林前，要经过跨格凸河而设的景观吊桥。设计以"一叶花舟"为灵感，开启"圣境"的体验。桥体为悬索结构，钢龙骨上铺竹木材料作为铺装；桥身为表现苗族扎染色彩的编织线外装饰。远看吊桥，恰似飘落水上的花瓣，载着远方的客人回家（图10.2-13、图10.2-14）。

（3）乡野耕读文化体验

设计在原有果林的南侧设置了耕读书院和茶亭，在场地南侧耕种茶田，意在形成一个安静独立、与自然相配合的耕读慢享空间。设计让人造的物质环境变为由大自然清爽的景气凝聚而成的一个有灵性的气场。在这里，人们停下脚步，品一杯清茶，读一本好书，感受茶田的清香，体验人与自然和谐共生。

图10.2-13　花舟吊桥

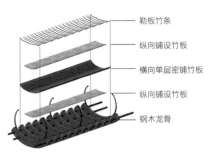

勒板竹条
纵向铺设竹板
横向单层密铺竹板
纵向铺设竹板
钢木龙骨

图10.2-14　桥体结构

图10.2-15　将苗族头饰融入建筑设计中

（4）地域特色文化演绎

　　花田中跳花场的形式源于苗族头饰，采用全竹拱形结构设计，以当地最常见的毛竹为材料，易于替换和更新（图10.2-15）。将苗族的传统文化活动融入这个弹性的体验场所中，人们在这里可以休憩，也可以举办群体活动。到了傍晚，点起篝火，三五个人可围坐聊天，或把酒言欢。

　　停车管理处采用可持续的设计方式。屋顶为竹结构，并在现场制作绑扎结构的龙骨；结构材料为当地的毛竹，可以就地取材制作安装；屋面防水采用竹瓦结合防水透气膜的方式；办公室和卫生间采用标准木结构支撑整个屋顶，圆筒形墙体为玻璃墙，外部为曲线竹编装饰。

　　接待大厅利用坡地填土建造，进入的方式如同进入溶洞，穿过幽暗空间方可到达二层的接待大厅，通过这种进入方式让客人体验到贵州特有的溶洞空间特色。所有墙面材料选用当地的片岩、木材和夯土泥墙，建成一个隐于山坳间的地域风情体验式建筑（图10.2-16）。

（5）星空下的苗寨酒店

项目基地能见度极高，远离城市，无空气污染。本项目通过利用当地常年星空晴朗的特点，突出乡野夜间的原生生活体验，严格控制夜间辉光，使其有机会成为国内第一家具备暗夜保护资质和专业观星条件的"星空下的苗寨酒店"（图10.2-17）。

每一个民族都有其守护的图腾。项目选择基地第二高峰建造一座最适合观星的场所——观星台，它的形态如同一个古老的图腾屹立山头，探入星空。观星台由钢结构完成悬挑设计，结构外围由束状形式的当地竹材包裹，其余材料均为当地木材，形式古朴，给人以一种冲天的动感（图10.2-18）。宽大的栏杆扶手上镌刻着按方位记录的中国传统天文二十四山天星图案，为观星爱好者提供一个与古人天文思想对话的非凡场所。

图10.2-16　酒店接待大厅

图10.2-17　星空下的苗寨

图10.2-18　观星台

10.2.5　总结

大山深处的传统村落需要利用自身的优势资源，并在外力的驱动下完成自身的更新和发展。适合的产业引入在带动经济发展的同时，更需要保护原生态的可持续开发。本案例不但提升了坝寨村的基础设施、推动了民居更新，也为村民提供了共同发展的可持续产业。帐篷酒店为当地人引入了本地化发展机遇，也为外来游客提供了农耕文化的特色体验，成为高质量生态游憩带动本地可持续发展的可借鉴模式。

第十一章

碳中和与全周期
智慧化管理

全球气候变化日益严峻，适应气候灾害和减排降碳将成为未来各国政府的重大使命。我国"双碳"目标提出后，对城市减排降碳与生态固碳增汇提出了新的要求，也需要更多新技术支撑。绿色基础设施一般在建设期表现为碳排放过程，运营期则表现为碳吸收过程，全生命周期的精细化设计管理需要智慧化平台的技术支撑。智慧化管理采用物联网、云计算、大数据、人工智能等智能化技术，对绿色基础设施进行全过程精细化监测、评估、管理和优化，能有效提高自然生命系统的韧性演进能力，也能够对建设、运营和维护全生命周期中的碳排放与碳汇进行监测评估，为提高绿色基础设施的减排增汇能力提供有效工具。另外，智慧化管理也可精准提高管理效率，减少运维人力成本，为高质量建设人居环境提供管理决策依据。

未来绿色基础设施建设的重要方向是通过智慧化管理精细化提升减排增汇能力，实现全生命周期的零碳或负碳排放目标。目前，智能化监测技术的应用从单一化趋向系统化。以往多数监测技术都是以单一要素（如雨水、大气、土壤、动物、植物等）为对象，智能化监测技术可以通过传感器、物联网、大数据、人工智能等技术实现对绿色基础设施多要素的实时监测和管理。这有助于绿色基础设施由设计、施工、运维的分阶段静态管理转向全生命周期循环迭代的动态适应性管理，提高管理和决策的精度、质量和效率，有效降低运维成本。全生命周期数据向精准化和标准化发展，一是碳排放计算方法的改进，全生命周期管理需要对绿色基础设施建设期的碳排放和运营期的碳吸收进行准确计算，因此研究者们正在探索更加精准、全面的碳排放计算方法，如基于物质流的方法、基于能量流的方法、基于生命周期评估的方法等；二是碳汇能力评估的研究，包括高分辨率遥感、多光谱遥感、地面雷达等多种方式结合的方法，从而提高评估的准确度。

目前，智慧化监测技术的应用还不够广泛，设备运行维护成本高，全生命周期碳管理方法缺少标准和技术方法，制约了这些技术的应用和推广。因此，绿色基础设施智慧化监测技术和全生命周期碳管理技术的集成研发和推广亟待加强，为城市绿色空间高质量发展提供保障，也为实现"双碳"目标提供技术支持。

11.1　案例一：智慧化助力绿色化 ——北京通州景区智慧管理服务系统建设[①]

11.1.1　项目背景

"十三五"期间，北京市通州区公园绿道体系的规模总量和建设水平大幅提升，但是公园绿地层级和类型配置尚不完善，空间分布尚不均衡，综合公园数量仍然不足，体现国际一流、世界眼光的高水平专类公园依然缺乏。《北京城市副中心（通州区）"十四五"时期园林绿化发展规划》提出了全面提升城市公园绿地服务功能的引领目标。在高质量园林绿化发展的要求下，通州区推进新建大型公园的配套服务设施，强化原有公园的配套服务设施升级改造，探索创新公园的运营新模式。围绕体育建设、社区文艺宣传、自然科普、智慧服务等特色主题活动开展先行示范，提升公园服务能力，成为迫切需求。

11.1.2　面临问题

北京市通州区园林绿化局信息化经过多年的发展，已初步建成了城镇绿化服务中心养护整改系统、林业工作总站养护整改考核系统、大运河森林公园视频监控系统、东郊森林公园视频监控系统等信息化平台，但还不能满足通州园林绿化局的实际管理需求。

目前，大运河森林公园、东郊森林公园、西海子公园、减河公园等公园已经建有部分智慧化平台，但公园各自管理，数据分散，与其他部门数据共享存在障碍。因此，建立"区级+公园级"的通州区智慧服务系统，对提高公园的智慧化管理服务水平十分必要。

11.1.3　总体理念

通州区通过建立智慧园林总平台和各基层单位应用系统，形成园林绿化数据可视化管理平台，提供园林绿化用地资源数据、生态监测数据、养护及安防业务数据、园林知识库数据等各类数据的查询统计、数据分析、监督预警等决策分析。依据智慧城市要求，开展系统的总体框架设计，其中的业务功能与业务数据可供智慧城市业务使用，并可与智慧城市其他业务系统及业务数据产生联动。

---

① 设计公司：北京甲板智慧科技有限公司。

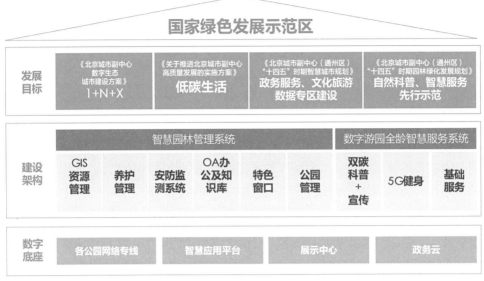

图11.1-1　总体框架设计

根据通州区园林信息化建设以及园林绿化局的业务现状，智慧化建设规划分3个步骤有序开展。①搭建基础设施环境，实现对园林管理相关数据的整合共享、统计分析以及对业务应用系统的全面统计与打通。②完成物联网设备数据的采集、智慧化应用、跨部门业务协同、信息发布等任务，基本实现通州区园林管理业务的自动化和智能化。③将公园级智慧建设内容纳入整个平台以及与智慧城市相关系统的联动，进行更广泛的智慧分析及园林应用（图11.1-1）。

11.1.4　设计内容

11.1.4.1　利用智能视觉识别算法的病虫害监测系统

智慧病虫害监测系统通过智能虫情灯和人工巡检，对虫情进行实时监测、分析和预警，指导农林公园预防和虫害治理。针对农业、林业、城镇绿化、检疫等领域，布设病虫害检测设备，通过B/S[1]端的管理软件和移动端进行控制、C/S[2]端的管理软件进行数据可视化展示。系统支持对200种光诱病虫害进行AI图像识别，识别准确率高达75%（物种水平）以上（图11.1-2）。

① B/S：浏览器与服务器。
② C/S：客户端与服务器。

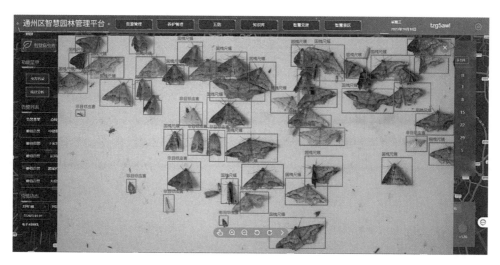

图11.1-2　病虫害监测系统

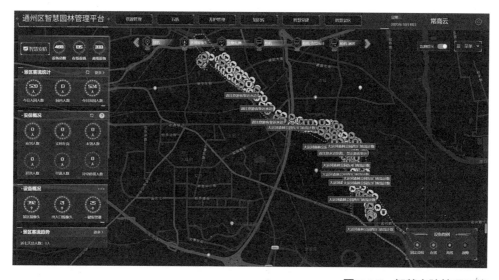

图11.1-3　智慧安防管理系统

11.1.4.2　智慧安防管理系统

智慧安防管理系统能够通过图像智能识别和声控技术，根据公园景区划定的监管边界和人群聚集安全限值，自动监控、预警和推送人群的异常行为，并结合一键报警、巡检助手和热点分析，帮助园区管理人员实时了解和监管园区的安全运行状态和人员聚集情况（图11.1-3）。

11.1.4.3　智慧保洁管理系统

智慧保洁管理系统可实时监测垃圾桶点位及状态，实现对历史数据的存储与分析，通过B/S端的管理软件和移动端进行控制、C/S端的管理软件进行数据可视化展示。智能垃圾桶具备垃圾容量检测及实时显示功能，垃圾溢满实时警告功能，警告信息可通过PC端、手机端提醒；可通过语音唤醒及按钮控制两种形式控制垃圾桶单筒电动门的开启与关闭，并可利用语音问答实现垃圾分类投放、垃圾桶GPS定位等功能。该系统改变传统定时清理模式，提升人工效率，节省人工成本，使用系统后垃圾清理响应效率提升200%。

11.1.4.4　智慧广播系统

智慧广播系统可对园区内的广播设备进行远程控制，支持不同设备的分组管理，对不同分组设备设置独立的播放策略，定时播放指定音频内容。同时配合监控摄像头，对于监测到的违规或危险行为可以自动触发广播提示，提醒游客注意安全，避免事故发生。系统还可以帮助园区运营人员查看广播设备的位置、播放状态、告警信息，实现批量控制和远程控制，提升了广播设备控制和报修的效率。系统支持自定义背景音乐和提示音库，全天候分时段自动广播，实现定制策略广播，相对于传统广播系统能节省大概80%的人力成本（图11.1-4）。

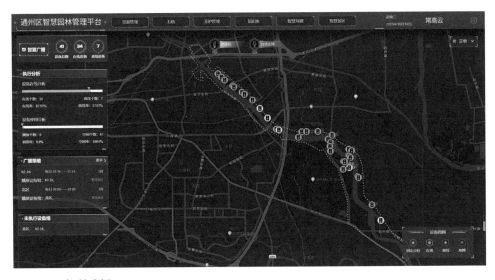

图11.1-4　智慧广播

11.1.4.5 公园景区舆情监测系统

为提升景区的游客服务能力，公园景区舆情监测系统将微博、微信、App、广播等社交媒体相关文章进行抓取分析，通过AI算法自动判别文章内容的正负面情绪表达及舆论形成趋势，智能识别游客对景区的安全、景观、卫生、娱乐、商业等方面的评价，通过挖掘数据建立综合评价指标，有针对性地指导管理方和运营方改进提升工作（图11.1-5）。

11.1.4.6 智慧运营系统

智慧运营系统可接入移动端数据、官网购票数据、景区内特色活动票务数据等，全面掌握景区运营状况，可开展票量数据与售票额数据实时查看、景区票务营收可视化、票种管理及票务热度统计分析、核销数据管理、退票数据管理等功能；同时，结合运营数据、客流监测数据与运营商信令数据，通过对空间、时间、人群的多维交叉分析，多维度的切片分层分析，针对景区内的人群流线、游客来源、到访偏好等游客画像属性统计，得出具有指导意义的数据分析结果。管理者与运营方可以根据分析结果对景区景观分布规划、人群流线设计、商业类型选择、营销策略等进行有效评估，从而不断完善景区的管理与运营，以满足不同类型游客的需求（图11.1-6）。

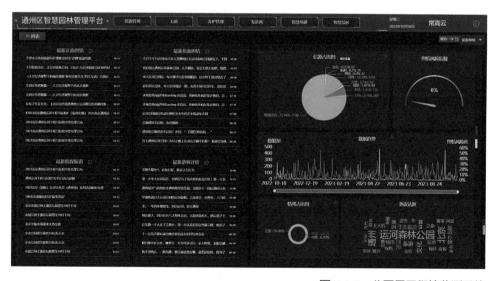

图11.1-5 公园景区舆情监测系统

11.1.4.7　数字游园智慧服务系统

（1）双碳科普

通过东郊森林公园树木固碳、张家湾公园科普研学、大运河文化旅游景区的手机端趣味打卡、沿途趣味故事和小游戏，游客在娱乐中获得"双碳"科普知识。

（2）5G健身

5G健身结合AI与AR（Augmented Reality，增强现实）技术吸引游人参与运动，在智能教练的带领下参与趣味运动，还可共同打榜亮技；通过智能识别技术记录参与者的运动信息，获取瞬时速度、里程等数据，还可体验多种世界马拉松跑道，参与数据社区排行（图11.1-7）。

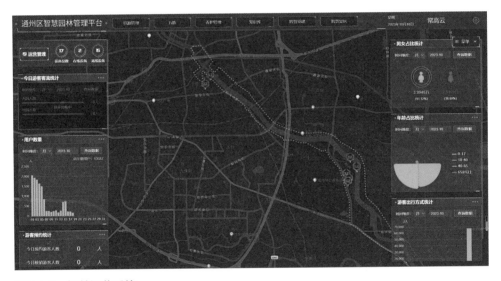

图11.1-6　智慧运营系统

•AI全民运动会（已建全民运动会2处，AI健身教练1处）
结合AI与AR技术吸引游人参与运动，在智能教练的带领下参与趣味运动活动，还可共同打榜竞技。

•AI虚拟马拉松（已建马拉松注册1处，打卡杆4个）
通过智能识别技术记录参与者的运动信息，可获取瞬时速度、里程等数据，还可体验多种世界马拉松跑道，参与数据社区排行。

图11.1-7　5G健身

11.1.5 总结

通州景区智慧化改造后，大运河森林公园智慧化改造受到了各界的广泛关注。5A数字游线游客小程序累计用户近10万人，日活跃人数近4000人，单日线上预约达万人以上。智慧化项目也广泛受到国内外媒体的关注，《北京周报》（*Beijing Review*）将其作为典型案例向海外输出。智慧化平台建设是提高城市公园精细化运营管理水平、推进高质量绿化建设的重要途径。通州景区智慧化管理为智慧城市建设提供了重要支撑，是智慧化助力城市绿色发展的示范。

11.2 案例二：碳中和公园的创新探索——北京温榆河公园·未来智谷[①]

11.2.1 项目背景

北京温榆河公园·未来智谷是全国首个"碳中和主题公园"。项目位于北京温榆河公园西北部、未来科学城"能源谷"东南部，总面积约126hm²，是北京六环路以内最大"绿肺"温榆河公园的重要组成部分。

聚焦国家"双碳"目标，公园通过建设碳中和科普基地、创立"碳积分"智慧游园系统、打造先进能源应用场景、使用低碳环保材料四个方面建设"碳中和主题公园"。"碳积分"智慧游园系统链接了园内15类智慧景观互动设施，包括低碳虚拟骑行、低碳马拉松、低碳竞速跑、碳宝导览管家、低碳百科启蒙、碳知识问答、低碳望远镜、智能分类垃圾桶、碳汇解密等，还有碳心广场、"碳"索之路等特色低碳互动场景。

11.2.2 面临问题

"碳达峰""碳中和"是中国在新时代高质量发展的战略部署，是一场广泛而深刻的经济社会系统性变革，必将促进人们绿色生活方式的转变。作为中国2020年下半年正式提出的顶层战略，"双碳"目标对广大市民来说还是一个全新概念，社会公众需要一个认识和了解"双碳"目标的场景。

[①] 智慧化提升公司：北京甲板智慧科技有限公司。
　　规划设计公司：北京市园林古建设计研究院有限公司、北京市水利规划设计研究院、北京化境文化创意设计有限责任公司、北京科纳特公共艺术有限公司、北京万方荣辉文化发展有限公司。

传统公园已不能满足"双碳"时代的需求。在"双碳"背景下，提供更为优质的生态产品成为新时代公园建设的重要内容。为积极推动"碳中和"实现路径的研究，探索在公园化场景下通过一系列低碳行为及其奖励机制促进游客了解"碳中和"知识、引导"碳中和"行为，提供具备特色而又多元的生活、休闲场景和服务功能，打造更具黏性的沉浸式游园体验，进而推动社会生活方式的转变。"碳中和"时代主题和公园绿地生态本底的结合成为规划设计师、建设者、城市管理者关注的焦点。

11.2.3 总体理念

北京温榆河公园·未来智谷综合运用物联网、云计算、移动互联网、大数据、人工智能等信息技术，力图建设智能化和全景可视化的成长型智慧公园。公园建设主要围绕面向游客的碳中和科普游园服务平台、面向管理人员的综合管理平台两部分展开。

碳中和科普游园服务平台（"碳积分"系统）的建设力图吸引公众进行碳中和科普体验，参与低碳行为，获取低碳知识，推进碳中和全民科普教育，助力践行碳减排，吸引市民争做"低碳达人"。通过"碳积分"串联起园内各节点，增强公园黏性，搭建出园区的运营基底，为后续扩展提供可能性。园区内的设施分为获取积分和消耗积分两类，游客可通过小程序体验"碳积分"系统。个人低碳账户中的积分可以通过低碳行为、碳中和科普及低碳生活3个渠道获取，通过趣味体验及园区服务两个渠道进行消耗，针对每个场景都设置了具体的积分计算方法、积分上限以及刷新周期；根据运营主体需求，结合不同的运营模式可以调节积分获取和消耗的数值（图11.2-1）。

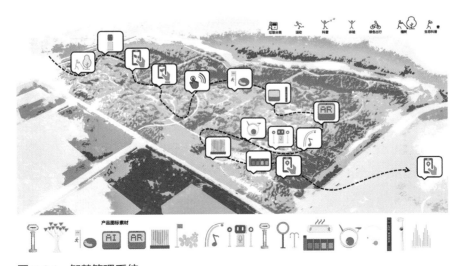

图11.2-1 智慧管理系统

图11.2-2 智慧系统框架

综合管理平台按照智慧工程一体化"分级建设"的原则进行建设，区级系统包括智慧安防、信息发布、智慧照明、智慧交通、生态监测、病虫害监测、智慧保洁、能耗管理以及球场管理九大业务系统，建成后将根据市区管理权限对市级平台开放数据（图11.2-2）。

11.2.4 设计内容

11.2.4.1 碳理念智慧互动设施

碳中和主题公园智慧化设施主要围绕碳中和知识的科普互动展开。设计提出了"碳宝"IP（知识产权）形象，串联整个智慧化互动设施。从公园入口的"碳宝导览管家"开始，游人可以通过语音互动、咨询有关碳知识进行科普打卡，并导览园区智慧化互动游线及科普专题游线。智慧化设备"碳知识问答"通过语言交互和机械按键的方式和"碳宝"进行交流，成为最受亲子家庭欢迎的项目（图11.2-3）。

碳心广场的"碳心""低碳骑行""低碳照相机""低碳望远镜""低碳马拉松"和"守护碳汇"六大互动设备，从多个方面向游客介绍与人们日常生活息息相关的低碳生活知识。"碳心""低碳骑行"和"低碳马拉松"通过识别微信步数、骑

图11.2-3　碳理念智慧互动设施

行里程、跑步里程等数据，对标开车一公里产生的碳排放量，呼吁和引导大家低碳绿色出行；"低碳照相机"通过"和动物世界""消失的北极熊"及"碳宝讲自然的故事"三个视角，向大家诉说碳中和对自然的影响；"低碳望远镜"和"守护碳汇"通过植物碳汇的探秘、守护碳汇、消灭碳源的趣味互动，向游客朋友们传播生活中应避免的碳排放行为，以及可以提高碳汇的植树造林方式。"智能垃圾分类"通过语音对话实现垃圾分类，"碳宝"通过语音问题打开对应垃圾桶，让游客直接投放垃圾。

11.2.4.2　碳积分智慧游园系统

借助互联网技术，碳积分智慧游园系统将智慧科技和低碳行为相融合，通过"碳积分兑换"的碳普惠形式，引导市民将绿色低碳理念转化为自觉行动。该系统通过建立"低碳行为赚取积分，增值服务消耗积分"的闭环游览逻辑，记录游客在互动设施上开展绿色出行、低碳环保、科普学习等低碳行为，并将其转化为"碳积分"。游客可利用积累的"碳积分"兑换零售折扣、停车费或购买文创礼品等（图11.2-4）。

图11.2-4　碳积分智慧游园系统

图11.2-5 清洁能源创新应用场景

11.2.4.3 清洁能源创新应用场景

未来智谷发挥未来科学城"能源谷"入驻研究院的智力聚集优势，打造众多先进能源应用场景，成为氢燃料电池观光车、氢燃料电动自行车的全国首个试点应用场地，还在管理服务建筑低碳驿站中引入了先进材料碲化镉（CdTe）的光伏玻璃、能耗自控监测系统，设置了集遮阳、充电与照明功能于一体的薄膜太阳能光伏伞。游客可在公园中体验清洁能源和智慧设备带来的舒适与便利。截至2021年8月（开园运营1年），未来智谷（一期）已累计碳汇量4032t，预计2060年累计碳汇量将达12646t（图11.2-5）。

11.2.5 结语

北京温榆河公园·未来智谷通过智慧化新技术应用，在引领绿色低碳的生活方式方面作了诸多创新探索。未来智谷被评为"2022年北京市科普基地"，成为国内首个碳中和主题公园，探索了面向碳中和目标的公园绿地设计建设和运营管理方式，为我国城市公园绿地落实"双碳"行动提供了示范。

参考文献

AHERN J, 1995. Greenways as a planning strategy [J]. Landscape and Urban Planning, 33 (1-3): 131-155.

AHERN J, 2011. From fail-safe to safe-to-fail: sustainability and resilience in the new urban world [J]. Landscape and Urban Planning, 100 (4): 341-343.

AHERN J, 2016. Novel urban ecosystems: concepts, definitions and a strategy to support urban sustainability and resilience [J]. Landscape Architecture Frontiers, 4 (1): 10-21.

AHERN J, 2012. Urban landscape sustainability and resilience: the promise and challenges of integrating ecology with urban planning and design [J]. Landscape Ecology, 28 (6): 1203-1212.

AHERN J, CILLIERS S, NIEMELÄ J, 2014. The concept of ecosystem services in adaptive urban planning and design: a framework for supporting innovation [J]. Landscape and Urban Planning, 125: 254-259.

AHIABLAME L M, ENGEL B A, CHAUBEY I, 2012. Effectiveness of low impact development practices: literature review and suggestions for future research [J]. Water, Air and Soil Pollution, 233: 4253-4273.

ALBERT C, SPANGENBERG J H, SCHROETER B, 2017. Nature-based Solutions: criteria [J]. Nature, 543 (7645): 315.

BAJC K, STOKMAN A, 2018. Design for resilience: re-connecting communities and environments [J]. Landscape Architecture Frontiers, 6 (4): 14-31.

BAPTISTE A K, FOLEY C, SMARDON R, 2015. Understanding urban neighborhood differences in willingness to implement green infrastructure measures: a case study of syracuse, NY [J]. Landscape and Urban Planning, 136: 1-12.

BATTY M, 2008. The size, scale, and shape of cities [J]. Science, 319 (5864): 769-771.

BAUMUELLER J, HOFFMANN U, REUTER U, 2009. Climate booklet for urban development-references for urban planning [R]. Stuttgart: Ministry of Economic Affairs Baden-Württemberg.

BELANGER P, 2010. Ecological urbanism [M]. Zurich: Lars Müller Publishers.

BENEDICT M A, MCMAHON E T, 2000. Green infrastructure: smart conservation for the 21st century [J]. Sprawl Watch Clearinghouse Monograph Series. Washington, D. C. : Sprawl Watch Clearinghouse.

BERNDTSSON J C, 2010. Green roof performance towards management of runoff water quantity and quality: a review [J]. Ecological Engineering, 36 (4): 351-360.

BOWLER D E, ALI L B, KNIGHT TM, et al., 2010. Urban greening to cool towns and cities: a systematic review of the empirical evidence [J]. Landscape and Urban Planning, 97: 147-155.

BREED C A, CILLIERS S S, FISHER R C, 2015. Role of landscape designers in promoting a balanced approach to green infrastructure [J]. Journal of Urban Planning and Development,12: 9768-9798.

BROWDER G, OZMENT S, REHBERGER B I, et al., 2019. Integrating green and gray: creating next generation infrastructure [M]. Washington, D. C. : World Bank and World Resources Institute.

BRUNEAU M, REINHORN A, 2007. Exploring the concept of seismic resilience for acute care facilities [J]. The Professional Journal of the Earthquake Engineering Research Institute, 2007 (1): 41-62.

BURKHARD B, PETROSILLO I, COSTANZA R, 2010. Ecosystem services—bridging ecology, economy and social sciences [J]. Ecological Complexity, 7 (3): 257-259.

CAMERON R, BLANUSA T, TAYLOR J, et al., 2012. The domestic garden—its contribution to urban green infrastructure [J]. Urban Forestry & Urban Greening, 11 (2): 129-137.

CECCHI C, NICOLAS B, EVA M, 2015. Towards an EU research and innovation policy agenda for Nature-based Solutions and re-naturing cities [R]. Brussels: European Commission, 4.

CHEN W Y, HU F Z Y, 2015. Producing nature for public: land-based urbanization and provision of public green spaces in China [J]. Applied Geography, 58: 32-40.

CIRIA, 2001. Sustainable urban drainage system-best practice manual [R]. Construction Industry Research and Information Association, London.

CLAUSEN J C, 2007. Jordan cove watershed project 2007 final report [J]. Department of Natural Resource Management and Engeneering, University of Conneticut, Storrs.

COHEN-SHACHAM E, WALTERS G, JANZEN C, et al., 2016. Nature-based Solutions to address global societal challenges [M]. Gland: IUCN.

COSTANZA R, DE GROOT R, FARBER S, et al., 1997. The value of the world's ecosystem services and natural capital [J]. Nature, 387: 253-260.

COURTNEY P, HILL G, ROBERTS D, 2006. The role of natural heritage in rural development: an analysis of economic linkages in Scotland [J]. Rural Studies, 22 (4): 469-484.

CUMMING G S, 2011. Spatial resilience: integrating landscape ecology, resilience, and sustainability [J]. Landscape Ecology, 26 (7): 899-909.

CUTTER S L, BARNES L, BERRY M, et al., 2008. A place-based model for understanding community resilience to natural disasters [J]. Global Environmental Change-Human and Policy Dimensions, 18 (4): 598-606.

DAILY G C, MATSON P A, 2008. Ecosystem services: from theory to implementation [J]. Proceedings of the National Academy of Sciences, 105 (28): 9455-9456.

DAILY G, 1997. Nature's services: societal dependence on natural ecosystems [M]. Washington, D. C. : Island Press.

DANIELS T, 2001. Smart growth: a new American approach to regional planning [J]. Planning Practice and Research, 16 (3-4): 271-279.

DE GROOT R S, ALKEMADE R, BRAAT L, et al., 2010. Challenges in integrating the concept of ecosystem services and values in landscape planning, management and decision making [J]. Ecological Complexity, 7 (3): 260-272.

DEMUZERE M, ORRU K, HEIDRICH O, et al., 2014. Mitigating and adapting to climate change: multi-functional and multi-scale assessment of green urban infrastructure [J]. Environmental Management, 146: 107-115.

DENNIS M, JAMES P, 2016. Site-specific factors in the production of local urban ecosystem services: a case study of community-managed green space [J]. Ecosystem Services, 17: 208-216.

DERKZEN M L, VAN TEEFFELEN A J A, VERBURG P H, et al.,2015. Quantifying urban ecosystem services based on high-resolution data of urban green space: an assessment for Rotterdam, the Netherlands [J]. Journal of Applied Ecology, 52 (4): 1020-1032.

DIETZ M E, 2007. Low impact development practices: a review of current research and recommendations for future directions [J]. Water, Air, and Soil Pollution, 186 (1): 351-363.

ECKART K, MCPHEE Z, BOLISETTI T, 2017. Performance and implementation of low impact development: a review [J]. Science of The Total Environment, 607-608: 413-432.

ELLIS J B, 2013. Sustainable surface water management and green infrastructure in UK urban catchment planning [J]. Environmental Planning and Management, 56 (1): 24-41.

ELMQVIST T, SETÄLÄ H, HANDEL S N, et al., 2015. Benefits of restoring ecosystem services in urban areas [J]. Current Opinion in Environmental Sustainability, 14: 101-108.

EPA U, CENTER L, 2000. Low impact development (LID): a literature review [J]. US Environmental Protection Agency: Washington, D. C., USA.

EUROPEAN COMMISSION, 2013. Green Infrastructure (GI)—enhancing Europe's natural capital [R]. European Commission.

FIKSEL J, GOODMAN I, HECHT A, 2014. Resilience: navigating toward a sustainable future [J]. Solut. J. 5: 38-47.

FLETCHER T D, SHUSTER W, HUNT W F, et al., 2014. SUDS,LID,BMPs,WSUD and more—the evolution and application of terminology surrounding urban drainage [J]. Urban Water, 12 (7): 525-542.

FLYNN K M, TRAVER R G, 2013. Green infrastructure life cycle assessment: a bio-infiltration case study [J]. Ecological Engineering, 55 (1): 9-22.

FOLKE C, BIGGS R, NORSTRÖM A V, et al., 2016. Social-ecological resilience and biosphere-based sustainability science [J]. Ecology and Society, 21 (3).

FOLKE C, 2006. Resilience: the emergence of a perspective for social-ecological systems analyses [J]. Global Environmental Change, 16 (3): 253-267.

FORMAN R T T, 1995. Some general principles of landscape and regional ecology [J]. Landscape Ecology, 10 (3): 133-142.

FORMAN R T T, 2014. Land mosaics: the ecology of landscapes and regions [M]. Washington, D. C. : Island Press.

FORMAN R T T, GODRON M, 1986. Landscape ecology [M]. New York: Wiley.

FRANCIS R, BEKERA B, 2014. A metric and frameworks for resilience analysis of engineered and infrastructure systems [J]. Reliability Engineering and System Safety, 121: 90-103.

FÁBOS J G, 2004. Greenway planning in the United States: its origins and recent case studies [J]. Landscape and Urban Planning, 68 (2-3): 321-342.

GAO J, WANG R S, HUANG J L, 2015. Ecological engineering for traditional Chinese agriculture—a case study of Beitang [J]. Ecological Engineering, 76: 7-13.

GILL S E, HANDLEY J F, ENNOS A R, et al., 2007. Adapting cities for climate change: the role of the green infrastructure [J]. Built Environment, 33 (1): 115-133.

GUAN X, WANG J, XIAO F, 2021. Sponge city strategy and application of pavement materials in sponge city [J]. Cleaner Production, 303: 127022.

GUNDERSON L H, 2000. Ecological resilience—in theory and application [J]. Annual Review of Ecology and Systematics, 31: 425-439.

HAINES Y R, POTSCHIN M, 2010. The links between biodiversity, ecosystem services and human well-being. [M]// RAFFAELLI D G, FRID C L J. Ecosystem ecology: a new synthesis. Cambridge University Press.

HANSEN R, PAULEIT S, 2014. From multifunctionality to multiple ecosystem services? A conceptual framework for multifunctionality in green infrastructure planning for urban areas [J]. AMBIO, 43 (4): 516-529.

HARTIG T, EVANS G W, JAMNER L D, et al., 2003. Tracking restoration in natural and urban field settings [J]. Journal of Environmental Psychology, 23: 109-123.

HATT B E, FLETCHER T D, DELETIC A, 2009. Hydrologic and pollutant removal performance of stormwater biofiltration systems at the field scale [J]. Journal of Hydrology, 365 (3-4): 310-321.

HECKERT M, ROSAN C D, 2016. Developing a green infrastructure equity index to promote equity planning [J]. Urban Forestry & Urban Greening, 19: 263-270.

HOLLING C S, GUNDERSON L H, 2002. Resilience and adaptive cycles [M] // Panarchy: Understanding transformations in human and natural systems. Washington,D. C. : Island Press.

HUMPEL N, OWEN N, LESLIE E, 2002. Environmental factors associated with adults' participation in physical activity [J]. American Journal of Preventive Medicine, 22: 188-199.

HUMPEL N, OWEN N, LESLIE E, et al., 2004. Associations of location and perceived environmental attributes with walking in neighborhoods [J]. American Journal of Health Promotion, 18: 239-242.

HUNT W F, SMITH J T, JADLOCKI S J, et al., 2008. Pollutant removal and peak flow mitigation by a bioretention cell in urban Charlotte, N. C. [J]. Environmental Engineering, 134 (5): 403-408.

IPCC, 2014. Climate change 2014: Synthesis report [R]. Contribution of Working Groups Ⅰ, Ⅱ and Ⅲ to the fifth assessment report of the intergovernmental panel on climate change. IPCC, 151.

IPCC, 2021. Climate change 2021: the physical science basis [R]. Confribution of Working Group I to the sixth assessment report of the intergovernmental panel on climate change. IPCC, 345.

IUCN, 2020. Global standard for Nature-based Solutions: a user-friendly framework for the verification, design and scaling up of NbS [R]. Gland: IUCN.

IUCN, 2020. Guidance for using the IUCN global standard for Nature-based Solutions: a user-friendly framework for the verification, design and scaling up of Nature-based Solutions [R]. Gland: IUCN.

JABAREEN Y, 2013. Planning the resilient city: concepts and strategies for coping with climate change and environmental risk [J]. Cities, 31: 220-229.

JASON A B, ALEX Y L, YANG J J, 2015. Residents'understanding of the role of green infrastructure for climate change adaptation in Hangzhou, China [J]. Landscape and Urban Planning, 138: 132-143.

JIA B B, YANG Z X, MAO G X, et al., 2016. Health effect of forest bathing trip on elderly patients with chronic obstructive pulmonary disease [J]. Biomedical and Environmental Sciences, 29: 212-218.

JOVAN B R, 2001. The effect of high concentration of negative ions in the air on the chlorophyll content in plant leaves [J]. Water, Air and Soil Pollution, 129: 259-265.

KATO S, AHERN J, 2008. "learning by doing": adaptive planning as a strategy to address uncertainty in planning [J]. Journal of Environmental Planning and Management, 51 (4): 543-559.

KIM J, KAPLAN R, 2004. Physical and psychological factors in sense of community: new urbanist Kentlands and nearby Orchard Village [J]. Environment and Behavior, 36: 313-340.

KONDOLF G M, 1998. Lessons learned from river restoration projects in california [J]. Aquatic Conservation: Marine and Freshwater Ecosystem, 8 (1): 39-52.

KORPELA, K. M. 1992. Adolescents' favourite places and environmental self-regulation [J]. Journal of Environmental Psychology, 12 (3): 249-258.

KORPELA K. M., HARTIG T, 1996. Restorative qualities of favorite places [J]. Journal of Environmental Psychology, 16 (3): 221-233.

KORPELA K M, HARTIG T, KAISER F, et al., 2001. Restorative experience and self-regulation in favourite places [J]. Environment and Behavior, 33: 572-589.

KUO F E, SULLIVAN W C, 2001. Aggression and violence in the inner city: effects of environment via mental fatigue [J]. Environment and Behavior, 33: 543-571.

KUO F E, 2001. Coping with poverty: impacts of environment and attention in the inner city [J]. Environment and Behavior, 33: 5-34.

LAFORTEZZA R, CHEN J, BOSCH C K, et al., 2018. Nature-based Solutions for resilient landscapes and cities [J]. Environmental Research, 165: 431-441.

LAFORTEZZA R, DAVIES C, SANESI G, et al., 2013. Green infrastructure as a tool to support spatial planning in European urban regions [J]. Forest-Bioscience and Forestry, 6: 102-108.

LEICHENKO R, 2011. Climate change and urban resilience [J]. Current Opinion in Environmental Sustainability, 3 (3): 164-168.

LEONARD R J, MCARTHUR C, HOCHULI D F, 2016. Particulate matter deposition on roadside plants and the importance of leaf trait combinations [J]. Urban Forestry & Urban Greening, 20: 249-253.

LEW A A, NG P T, NICKEL C, et al., 2016. Community sustainability and resilience: similarities, differences and indicators [J]. Tour. Geogr, 18: 18-27.

LI Q, KOBAYASHI M, KUMEDA S, et al., 2016. Effects of forest bathing on cardiovascular and metabolic parameters in middle-aged males [J]. Evidence-Based Complementary and Alternative Medicine, 10: 2587381.

LIAO K H, 2012. A theory on urban resilience to floods—a basis for alternative planning practices [J]. Ecology and Society, 17 (4).

LISTER N M, 2007. Sustainable large parks: ecological design or design ecology? [M]// CZERNIAK J, HARGREAVES G, BEARDSLEY J. Large parks. New York: Princeton Architectural Press, 35-58.

LITTLE C E, 1995. Greenways for America [J]. London: The Johns Hopkins University Press LTD, 8-20.

LIZARRALDE G, CHMUTINA K, BOSHER L, et al., 2015. Sustainability and resilience in the built environment: the challenges of establishing a turquoise agenda in the UK [J]. Sustain Cities Soc, 15: 96-104.

LLOYD S D, WONG T H F, CHESTERFIELD C J, 2002. Water sensitive urban design: a stormwater management perspective [R]. CRC for Catchment Hydmlogy.

LOVELL S T, TAYLOR J R, 2013. Supplying urban ecosystem services through multifunctional green infrastructure in the United States [J]. Landscape Ecology, 28 (8): 1447-1463.

LUAN B, DING R, WANG X, et al., 2020. Exploration of resilient design paradigm of urban green infrastructure [J]. Landscape Architecture Frontiers, 8 (6): 94-105.

LUAN B, YIN R, XU P, et al., 2019. Evaluating green stormwater infrastructure strategies efficiencies in a rapidly urbanizing catchment using SWMM-based topsis [J]. Journal of Cleaner Production, 223: 680-691.

LYNDA S L, 2003. Urban green infrastructure [M]//WATSOND E. Time-saver standards for urban design. New York: McGraw-Hill Education.

MANDER U, JAGOMÄGI J, KÜLVIK, 1988. Network of compensative areas as an ecological infrastructure of territoties [R]. connectivity in landscape ecology, proceedings of the 2nd international seminar of the international association for landscape ecology, Ferdinand Schoningh, Paderborn, 35-38.

MARCHESE D, REYNOLDS E, BATES M E, et al., 2018. Resilience and sustainability: similarities and differences in environmental management applications [J]. Science of the Total Environment, 613-614: 1275-1283.

MARKEVYCH I, STANDL M, SUGIRI D, et al., 2016. Residential greenness and blood lipids in children: a longitudinal analysis in GINIplus and LISAplus [J]. Environmental Research, 151: 168-173.

MCHARG I L, 1969. Design with nature [M]. California: Natural History Press.

MCPHERSON E G, 1998. Atmospheric carbon dioxide reduction by Sacramento's urban forest [J]. Journal of Arboriculture, 24: 215-223.

MEACHAM B J, 2016. Sustainability and resiliency objectives in performance building regulations [J]. Building Research and Information, 44: 474-489.

MEEROW S, NEWELL J P, STULTS M, 2016a. Defining urban resilience: a review [J]. Landscape and Urban Planning, 147: 38-49.

MEEROW S, NEWELL J P, 2016b. Urban resilience for whom, what, when, where, and why? [J]. Urban Geography, 40 (3): 309-329.

MILLENNIUM ECOSYSTEM ASSESSMENT, 2005. Ecosystems and human well-being: synthesis [M]. Washington, D. C. : Island Press.

MILLER J S, HOEL L A, 2002. The "smart growth" debate: best practices for urban transportation planning [J]. Socio-Economic Planning Sciences, 36 (1): 1-24.

MOGLEN G E, GABRIEL S A, FARIA J A, 2003. A framework for quantitative smart growth in land development [J]. American Water Resources Association, 39 (4): 947-959.

MUSACCHIO L R, 2011. The grand challenge to operationalize landscape sustainability and the design-inscience paradigm [J]. Landscape Ecology, 26 (1): 1-5.

NASSAUER J I, OPDAM P, 2008. Design in science: extending the landscape ecology paradigm [J]. Landscape Ecology, 23 (6): 633-644.

NATURE EDITORIAL, 2017. Natural language: the latest attempt to brand green practices is better than it sounds [J]. Nature, 541: 133-134.

NAVEH Z, 2000. What is holistic landscape ecology? A conceptual introduction [J]. Landscape and Urban Planning, 50 (1-3): 7-26.

NESSHOVER C, ASSMUTH T, IRVINE K N, et al., 2017. The science, policy and practice of Nature-based Solutions: an interdisciplinary perspective [J]. Science Total Environment, 579: 1215-1227. .

NG E, YUAN C, CHEN L, et al., 2011. Improving the wind environment in high-density cities by understanding urban morphology and surface roughness: a study in Hong Kong [J]. Landscape and Urban Planning, 101 (1): 59-74.

NG S T, XU F J, YANG Y F, et al., 2018. Necessities and challenges to strengthen the regional infrastructure resilience within city clusters [J]. Procedia Engineering, 212: 198-205.

NOSS R F, HARRIS L D, 1986. Nodes, networks, and MUMs: preserving diversity at all scales [J]. Environmental Management, 10 (3): 299-309.

NOW AK D J, 1993. Atmospheric carbon reduction by urban trees [J]. Environmental

Management, 37 (3): 207-217.

NOWAK D J, CRANE D E, 2002. Carbon storage and sequestration by urban trees in the USA [J]. Environmental Pollution, 116: 381-389.

OLMSTED F L Jr, KIMBALL T, 1928. Frederick Law Olmsted: landscape architect, 1822-1903 [M]. New York: The Knickerbockers' Press.

PAKZAD P, OSMOND P, 2016. Developing a sustainability indicator set for measuring green infrastructure performance [J]. Procedia-Social and Behavioral Sciences, 216: 68-79.

PATZ J A, NORRIS D E, 2004. Land use change and human health [J]. Ecosystem Land Use Change, 153: 159-167.

PAYNE L, ORSEGA S B, GODBEY G, et al., 1998. Local parks and the health of older adults: results from an exploratory study [J]. Parks and Recreation, 33 (10): 64-71.

PIKORA T, GILES C B, BULL F, et al., 2003. Developing a framework for assessment of the environmental determinants of walking and cycling. [J]. Social Science & Medicine, 56: 1693-1703.

POTSCHIN M, HAINES Y R, 2013. Landscapes, sustainability and the place-based analysis of ecosystem services [J]. Landscape Ecology, 28 (6): 1053-1065.

POUYAT R V, YESILONIS I D, NOWAK D J, 2006. Carbon storage by urban soils in the United States [J]. Environmental Quality, 35: 1566-1575.

PRAJAPATI S K, TRIPATHI B D, 2008. Seasonal variation of leaf dust accumulation and pigment content in plant species exposed to urban particulates pollution [J]. Environmental Quality, 37 (3): 865-870.

PUGH T A M, MACJENZIE A R, WHYATT J D, et al., 2012. Effectiveness of green infrastructure for improvement of air quality in urban street canyons [J]. Environmental Science & Technology, 46: 7692-7699.

RANDOLPH J, 2004. Environmental land use planning and management [M]. Washington, D. C. : Island Press.

RAYMOND C M, FRANTZESKAKI N, KABISCH N, et al., 2017. A framework for assessing and implementing the co-benefits of Nature-based Solutions in urban areas [J]. Environmental Science & Policy, 77: 15-24.

ROTTLE N D, 2006. Factors in the landscape-based greenway: a mountains to sound case study [J]. Landscape and Urban Planning, 76 (1-4): 134-171.

RYN S V D, COWAN S, 2007. Ecological design [M]. London: Island Press.

SCHOLZ M, 2015. Sustainable drainage systems [J]. Water, 7 (12): 2272-2274.

SEIDEL K, KICKUTH R, 1977. Degradation and incorporation of nutrients from rural wastewaters by plant rhizosphere under limnic conditions [R]//London: The European Journal of Communitions.

SEILER A, ERIKSSON I M, 1995. Habitat fragmentation and infrastructure and the role of ecological engineering [J]. Maastricht & Den Hague, 253-264.

SELM A J V, 1988. Ecological infrastructure: A conceptual framework for designing habitat networks [M]//SCHRIEIBER K F. Connectivity in Landscape Ecology, Proceedings of the 2nd International Seminar of the International Association for Landscape Ecology. Paderborn: Ferdinand Schoningh, 63-66.

SHARIFI A, 2021. Co-benefits and synergies between urban climate change mitigation and adaptation measures: a literature review [J]. Science of the total environment, 750: 141642.

SIMMIE J, MARTIN R, 2010. The economic resilience of regions: towards an evolutionary approach [J] Cambridge Journal of Regions. Economy and Society, 3 (1): 27-43.

SMETANA S M, CRITTENDEN J C, 2014. Sustainable plants in urban parks: a life cycle analysis of traditional and alternative lawns in Georgia, USA [J]. Landscape and Urban Planning, 122: 140-151.

SPAANS M, WATERHOUT B, 2017. Building up resilience in cities worldwide [R]. Rotterdam as participant in the 100 Resilient Cities Programme.

SPATARI S, YU Z W, MONTALTO F A, 2011. Life cycle implication of urban green infrastructure [J]. Environmental Pollution, 159: 2174-2179.

SPILLETT P B, EVANS S G, COLQUHOUN K, 2005. International perspective on BMPs/SUDS: Uk-sustainable stormwater management in the UK [C] World Water and Environmental Resources Congress,2005: 196.

ST LEGER L, 2003. Health and nature-new challenges for health promotion [J]. Health Promotion International, 18: 173-175.

STOKOLS D, GRZYWACZ J G, MCMAHAN S, et al., 2003. Increasing the health promotive capacity of human environments [J]. American Journal of Health Promotion, 18: 4-13.

SUSCA T, GAFFIN S R, DELL'OSSO G R, 2011. Positive effects of vegetation: urban heat island and green roofs [J]. Environmental Pollution, 159 (8-9): 2119-2126.

TAKANO T, NAKAMURA K, WATANABE M, 2002. Urban residential environments and senior citizens' longevity in mega-city areas: the importance of walkable green space [J]. Journal of Epidemiology and Community Health, 56 (12): 913-916.

TANAKA A, TAKANO T, NAKAMURA K, et al., 1996. Health levels influenced by urban residential conditions in a megacity - Tokyo [J]. Urban Studies, 33: 879-894.

TANAKA N, 2009. Vegetation bioshields for tsunami mitigation: review of effectiveness, limitations, construction, and sustainable management [J]. Landscape and Ecological Engineering, 5: 71-79.

TAYLOR A F, KUO F E, SULLIVAN W C, 2001 Coping with ADD—the surprising connection to green play settings [J]. Environment and Behavior, 33: 54-77.

TEEB, 2010. The economics of ecosystems and biodiversity: ecological and economic foundations [J]. P. Kumar. Earthscan, London and Washington.

TERMORSHUIZEN J W, OPDAM P, 2009. Landscape services as a bridge between landscape ecology and sustainable development [J]. Landscape Ecology, 24 (8): 1037-1052.

TIWARY A, WILLIAMS I D, HEIDRICH O, et al., 2016. Development of multi-functional streetscape green infrastructure using a performance index approach [J]. Environmental Pollution, 208: 209-220.

TURNER A, 1992. Urban planning in the developing world: lessons from experience [J]. Habitat International, 16 (2): 113-126.

TZOULAS K, KORPELA K, VENN S, et al., 2007. Promoting ecosystem and human health in urban areas using green infrastructure: a literature review [J]. Landscape and Urban Planning, 81 (3): 167-178.

ULRICH R S, 1984. View through a window may influence recovery from surgery [J]. Science, 224: 420-421.

USEPA, 1972. Federal water pollution control act amendments of 1972 [R]. Public Law, 92-500.

USEPA, 2000. Low Impact Development (LID): a literature review [J]. Washington, D. C.: United States Environmental Protection Agency.

VAN BOHEMEN H D, 1998. Habitat fragmentation, infrastructure and ecological engineering [J]. Ecological Engineering, 11 (1-4): 199-207.

VAN OUDENHOVEN, A. P. E., PETZ, et al.,2012. Framework for systematic indicator selection to assess effects of land management on ecosystem services [J]. Ecological Indicators, 21: 110-122.

VAN ROON M R, GREENAWAY A, DIXON J E, et al., 2006. Low impact urban design and development: scope, founding principles and collaborative learning [C] Proceedings of the Urban Drainage Modelling and Water Sensitive Urban Design Conference.

VANDERMEULEN V, VERSPECHT A, VERMEIRE B. et al., 2011. The use of economic valuation to create public support for green infrastructure investments in urban areas [J]. Landscape and Urban Planning, 103 (2): 198-206.

VILJOEN A, BOHN K, 2005. Continuous productive urban landscapes: urban agriculture as an essential infrastructure [J]. Urban Agriculture Magazine, 15: 34-36.

VOGEL J R, MOORE T L, COFFMAN R R, et al., 2015. Critical review of technical questions facing low impact development and green infrastructure: a perspective from the great plains [J]. Water Environment Research, 87 (9): 849-862.

VON DÖHREN P, HAASE D, 2015. Ecosystem disservices research: a review of the state of the art with a focus on cities [J]. Ecological Indicators, 52: 490-497.

VRIES S D, VERHEIJ R A, GROENEWEGEN P P, et al., 2003. Natural environments-healthy environments? An exploratory analysis of the relationship between greenspace and health [J]. Environment and Planning, 35: 1717-1731.

WALDHEIM C, 2006. The landscape urbanism reader [M]. New York: Princeton Architectural Press.

WANG H F, QURESHI S, KNAPP S, et al., 2015. A basic assessment of residential plant diversity and its ecosystem services and disservices in Beijing, China [J]. Applied Geography, 64: 121-131.

WANG H, WU Q, GUENTHER A B, et al., 2021. A long-term estimation of biogenic volatile organic compound (BVOC) emission in China from 2001-2016: the roles of land cover change and climate variability [J]. Atmospheric Chemistry and Physics, 21 (6): 4825-4848.

WANG M, ZHANG D, ADHITYAN A, et al.,2016. Assessing cost-effectiveness of bioretention on stormwater in response to climate change and urbanization for future scenarios [J]. Hydrology, 543: 423-432.

WANG Y F, BAKKER F, DE GROOT R, et al., 2014. Effect of ecosystem services provided by urban green infrastructure on indoor environment: a literature review [J]. Building and Environment, 77: 88-100.

WANG Y, NI Z, HU M, et al., 2020. Environmental performances and energy efficiencies of various urban green infrastructures: a life-cycle assessment [J]. Cleaner Production, 248: 119244.

WANG S, ZHANG Z, YE Z, et al., 2013. Application of environmental internet of things on water quality management of urban scenic river [J]. Sustainable Evelopment and World Ecology, 20 (3): 216-222.

WEBER T, WOLF J, 2000. Maryland's green infrastructure-using landscape assessment tools to identify a regional conservation strategy [J]. Environmental Monitoring and Assessment, 63 (1): 265-277.

WEI S, CHEN Q, WU W, et al., 2021. Quantifying the indirect effects of urbanization on urban vegetation carbon uptake in the megacity of Shanghai, China [J]. Environmental Research

Letters, 16 (6): 064088.

WESTMAN W, 1997. How much are nature's services worth? [J] Science, 197 (4370): 960-964.

WILKER E, WU C D, MCNEELY E, et al., 2014. Greenspace and mortality following ischemic stroke [J]. Environmental Research, 129: 42-48.

WILLIAMSON K, 2003. CPSI, growing with green infrastructure [R]. Heritage Conservancy.

WMO, 2022. WMO warns of frequent heatwaves in decades ahead [R]. UN News.

WORLD BANK, 2008. Biodiversity, climate change, and adaptation: nature-based solutions from the World Bank portfolio [R]. Washington, D. C. : World Bank.

WU C C, LEE G W, YANG S, et al., 2006. Influence of air humidity and the distance from the source on negative air ion concentration in indoor air [J]. Science of the Total Environment, 370: 245-253.

WU J, 2013. Landscape sustainability science: ecosystem services and human well-being in changing landscapes [J]. Landscape Ecology, 28 (6): 999-1023.

WU J, 2014. Urban ecology and sustainability: the state-of-the-science and future directions [J]. Landscape and Urban Planning, 125: 209-221.

YU K J, 1995. Security patterns in landscape planning: with a case in south China [D]. MA. Cambridge: Harvard University.

YU K J, 1996. Security patterns and surface model in landscape ecological planning [J]. Landscape and Urban Planning, 36 (1): 1-17.

YUAN Y, ZHANG Q, CHEN S, et al., 2022. Evaluation of comprehensive benefits of sponge cities using meta-analysis in different geographical environments in China [J]. Science of The Total Environment, 836: 155755.

ZIELINSKI-GUTIERREZ E C, HAYDEN M H, 2006. A model for defining West Nile virus risk perception based on ecology and proximity [J]. EcoHealth, 3: 28-34.

曾德慧，姜凤岐，范志平，等，1999. 生态系统健康与人类可持续发展［J］. 应用生态学报，06：751-756.

车伍，吕放放，李俊奇，等，2009. 发达国家典型雨洪管理体系及启示［J］. 中国给水排水，25（20）：12-17.

陈碧琳，孙一民，李颖龙，2019. 基于"策略—反馈"的琶洲中东区韧性城市设计［J］. 风景园林，26（9）：57-65.

陈崇贤，2014. 河口城市海岸灾害适应性风景园林设计研究［D］. 北京：北京林业大学.

陈欢，2022. 社区治理视角下的老旧小区社区花园营造研究——以海淀街道小南庄小区为例［D］. 北京：北京建筑大学.

陈梦芸，林广思，2019. 基于自然的解决方案：利用自然应对可持续发展挑战的综合途径［J］. 中国园林，35（3）：81-85.

陈明，戴菲，2020. 基于MSPA的城市绿色基础设施空间格局对$PM_{2.5}$的影响［J］. 中国园林，36（10）：63-68.

陈涛，李锋，毛文龙，等，2022. 人工湿地-稳定塘处理生活污水站尾水应用实例［J］. 中国给水排水，38（22）：102-106.

陈义勇，俞孔坚，2015. 古代"海绵城市"思想——水适应性景观经验启示［J］. 中国水利（17）：19-22.

崔保山，刘兴土，1999. 湿地恢复研究综述［J］. 地球科学进展，4：45-51.

崔丽娟，张曼胤，张岩，等，2011. 湿地恢复研究现状及前瞻［J］. 世界林业研究，24（2）：5-9.

戴菲，陈明，朱晟伟，等，2018. 街区尺度不同绿化覆盖率对PM_{10}、$PM_{2.5}$的消减研究——以武汉主城区为例［J］. 中国园林，34（3）：105-110.

戴伟，孙一民，韩·迈尔，等，2017. 气候变化下的三角洲城市韧性规划研究［J］. 城市规划，41（12）：26-34.

戴妍娇，焦胜，丁国胜，等，2018. 近十年海绵城市建设研究评述与展望［J］. 现代城市研究，（08）：77-87.

翟俊，2012. 协同共生：从市政的灰色基础设施、生态的绿色基础设施到一体化的景观基础设施［J］. 规划师，28（9）：71-74.

丁俊杰，秦龙君，谭圣林，等，2022. 亚热带城市乡土树种小叶榕的蒸腾、降温及其减碳效益研究［J］. 北京大学学报（自然科学版），58（3）：537-545.

丁戎，栾博，罗珈柠，等，2023. 应对气候变化的城市绿色空间韧性—减碳—增汇协同范式与设计策略［J］. 园林，40（1）：16-24.

丁锶湲，曾坚，王宁，等，2019. 智慧化海绵体系下的内涝防控策略研究——以厦门市为例［J］. 给水排水，55（11）：67-73.

DOYLE D G，陈贞，2002. 美国的密集化和中产阶级化发展——"精明增长"纲领与旧城倡议者的结合［J］. 国外城市规划（3）：2-9.

方云皓，2021. 基于气候适宜性的城市通风廊道构建与管控研究——以合肥市主城区为例［D］. 合肥：安徽建筑大学.

方志权，1999. 论都市农业的基本特征、产生背景与功能［J］. 农业现代化研究，5：281-285.

傅伯杰，于丹丹，2016. 生态系统服务权衡与集成方法［J］. 资源科学，38（1）：1-9.

洪歌，吴雪飞，蔡锐鸿，2023. 最佳网格分析尺度下城市绿色基础设施的景观格局对碳汇绩效的影响研究［J］. 中国园林，39（3）：138-144.

侯晓蕾，2019. 基于社区营造和多元共治的北京老城社区公共空间景观微更新——以北京老城区微花园为例［J］. 中国园林，35（12）：23-27.

黄璐，2019. 基于生态系统连通性的湖南省生态安全格局构建［D］. 长沙：湖南大学.

黄玉贤，陈俊良，童杉姗，2018. 利用城市绿化缓解新加坡热岛效应方面的研究［J］. 中国园林，34（2）：13-17.

贾蓉，2016. 北京大栅栏历史文化街区再生发展模式［J］. 北京规划建设（1）：8-12.

贾行飞，戴菲，2015. 我国绿色基础设施研究进展综述［J］. 风景园林（8）：118-124.

蒋理，刘颂，刘超，2021. 蓝绿基础设施对城市气候韧性构建的作用——基于共引文献网络的文献计量分析［J］. 景观设计学（中英文），9（6）：8-23.

蒋理，刘晓，刘超，2018. 屋顶绿化对高密度城市片区热岛效应的影响——以广州国际金融城起步区为例［J］. 建筑节能，46（4）：14-19.

金凤君，2001. 基础设施与人类生存环境之关系研究［J］. 地理科学进展，20（3）：276-285.

金经元，2002a. 奥姆斯特德和波士顿公园系统（上）［J］. 上海城市管理职业技术学院学报（2）：11-13.

金经元，2002b. 奥姆斯特德和波士顿公园系统（下）［J］. 上海城市管理职业技术学院学报（4）：10-12.

雷维群，徐姗，周勇，等，2018. "城市双修"的理论阐释与实践探索［J］. 城市发展研究，25（11）：156-160.

李超群，钟梦莹，武瑞鑫，等，2015. 常见地被植物叶片特征及滞尘效应研究［J］. 生态环境学报，24（12）：2050-2055.

李春华，叶春，刘燕，等，2019. 山水林田湖草思想的理论内涵及生态保护修复实践——以广西左右江流域工程试点为例［J］. 环境工程技术学报，9（5）：499-506.

李春晖，郑小康，牛少凤，等，2009. 城市湿地保护与修复研究进展［J］. 地理科学进展，28（2）：271-279.

李锋，马远，2021. 城市生态系统修复研究进展［J］. 生态学报，41（23）：9144-9153.

李锋，王如松，赵丹，2014. 基于生态系统服务的城市生态基础设施：现状、问题与展望［J］. 生态学报，34（1）：190-200.

李和平，谢鑫，李聪聪，2023．成渝双城地区景观格局的碳汇效应与优化建议——基于BP神经网络的分析和预测［J］．城市发展研究，30（1）：92-102.

李倞，2013．现代城市农业景观基础设施［J］．风景园林，3：20-23.

李树华，姚亚男，2018．亚洲园艺疗法研究进展［J］．园林（12）：2-5.

李双，2012．城市生产性景观的实践与思考［D］．北京：中国艺术研究院.

李彤玥，2017．韧性城市研究新进展［J］．国际城市规划，32（5）：15-25.

李鑫，车生泉，2017．城市韧性研究回顾与未来展望［J］．南方建筑，3：7-12.

李雅，2020．重建沿海韧性——旧金山湾盐沼修复及其启示［J］．风景园林，27（1）：115-120.

李亚，翟国方，2017．我国城市灾害韧性评估及其提升策略研究［J］．规划师，33（8）：5-11.

梁慧，2007．国际生态旅游发展趋势展望［J］．当代经济，181（1）：72-73.

梁继东，周启星，孙铁珩，2003．人工湿地污水处理系统研究及性能改进分析［J］．生态学杂志，2：49-55.

廖莉团，苏欣，李小龙，等，2014．城市绿化植物滞尘效益及滞尘影响因素研究概述［J］．森林工程，30（2）：21-24.

廖轶鹏，李云，王芳芳，等，2020．城市河道生态修复研究综述［J］．江苏水利，5：41-44.

林沛毅，王小璘，2018．韧性城市研究的进程与展望［J］．中国园林，34（8）：18-22.

林伟斌，孙一民，2019．基于自然解决方案对我国城市适应性转型发展的启示［J］．国际城市规划，1（16）.

刘达，黄本胜，邱静，等，2015．破碎波条件下海岸防浪林对波浪爬高消减的试验研究［J］．中国水利水电科学研究院学报，13（5）：333-338.

刘峰，刘源，周翔宇，2019．基于韧性理论的社区绿色基础设施功能提升策略研究［J］．园林（7）：70-75.

刘凤辰，田娜，程小琴，2022．油松植物挥发性有机物释放动态及其抑菌作用［J］．北京林业大学学报，44（9）：72-82.

刘海龙，李迪华，韩西丽，2005．生态基础设施概念及其研究进展综述［J］．城市规划，29（9）：70-75.

刘佳燕，王天夫，等，2019．社区规划的社会实践［M］．北京：中国建筑工业出版社.

刘京一，林箐，李娜亭，2018．生态思想的发展演变及其对风景园林的影响［J］．风景园林，25（1）：14-20.

刘双芳，张维康，韩静波，等，2020. 不同植被结构对空气质量的调控功能［J］. 生态环境学报，29（8）：1602-1609.

刘思思，徐磊青，2018. 社区规划师推进下的社区更新及工作框架［J］. 上海城市规划（4）：28-36.

刘悦来，尹科娈，魏闽，等，2017. 高密度中心城区社区花园实践探索——以上海创智农园和百草园为例［J］. 风景园林，9：16.

刘艳琴，2006. 南京市城市森林抑菌、滞尘效应研究［D］. 南京：南京林业大学.

刘志敏，修春亮，宋伟，2018. 城市空间韧性研究进展［J］. 城市建筑（35）：16-18.

栾博，柴民伟，王鑫，2017a. 绿色基础设施研究进展［J］. 生态学报（15）：5246-5261.

栾博，王鑫，金越延，等，2017b. 场地尺度绿色基础设施的协同设计——以咸阳渭柳湿地公园生态修复设计为例［J］. 景观设计学，5：26-43.

栾博，2019. 城市绿色基础设施多维度协同效应研究［D］. 北京：北京大学.

罗毅，李明翰，段诗乐，等，2015. 已建成项目的景观绩效：美国风景园林基金会公布的指标及方法对比［J］. 风景园林，1：32-39.

罗毅，李明翰，孙一鹤，2014. 景观绩效研究：社会、经济和环境效益是否总是相得益彰？［J］. 景观设计学，2（1）：42-56.

马世骏，1981. 生态规律在环境管理中的作用——略论现代环境管理的发展趋势［J］. 环境科学学报，1：95-100.

莫斯塔法维，美尔蒂，2014. 生态都市主义［M］. 南京：江苏科学技术出版社.

倪晓露，黎兴强，2019. 韧性城市评价体系的三种类型及其新的发展方向［J］. 国际城市规划，36（03）：76-82.

欧阳小平，2023. 基于近自然化和海绵城市理念下的城市河道生态修复［J］. 中国农村水利水电（10）：15-22.

欧阳志云，王如松，2000. 生态系统服务功能、生态价值与可持续发展［J］. 世界科技研究与发展，5：45-50.

彭新德，2014. 长沙城市绿地对空气质量的影响及不同目标空气质量下绿地水量平衡研究［D］. 长沙：中南大学.

彭雄亮，姜洪庆，黄铎，等，2019. 粤港澳大湾区城市群适应台风气候的韧性空间策略［J］. 城市发展研究，26（4）：55-62.

日本建筑学会，2002. 都市风环境评价体系［R］. 东京：日本建筑学会.

邵亦文，徐江，2015. 城市韧性：基于国际文献综述的概念解析［J］. 国际城市规划，30（2）：48-54.

邵媛媛，周军伟，母锐敏，等，2018. 中国城市发展与湿地保护研究 [J]. 生态环境学报，27（2）：381-388.

佘欣璐，高吉喜，张彪，2019. 基于城市绿地滞尘模型的上海市绿色空间滞留PM$_{2.5}$功能评估 [J]. 生态学报，40（8）：2599-2608.

沈鑫，柳新红，蒋冬月，等，2018. 枫香等22种常见园林植物滞尘与抑菌能力评价 [J]. 东北林业大学学报，47（1）：65-70.

沈瑶，廖堉珲，晋然然，等，2021. 儿童参与视角下"校社共建"社区花园营造模式研究 [J]. 中国园林，37（5）：92-97.

石言，苏军，2013. 关于生产性景观在城市景观实践案例中的价值思考 [J]. 四川建筑，33（2）：51-53.

孙昕，克魁，张文中，2020. 如何有效吸引私营资本投资绿色基础设施？——基于"一带一路"沿线国家（地区）的实证研究 [J]. 企业经济，39（10）：13-22.

汪辉，王涛，象伟宁，2019. 城市韧性研究的巴斯德范式剖析 [J]. 中国园林，35（7）：51-55.

汪辉，徐蕴雪，卢思琪，等，2017. 恢复力、弹性或韧性？——社会—生态系统及其相关研究领域中"Resilience"一词翻译之辨析 [J]. 国际城市规划，32（4）：29-39.

汪毅，2006. 生态设计理论与实践 [D]. 上海：同济大学.

王峤，臧鑫宇，2017. 韧性理念下的山地城市公共空间生态设计策略 [J]. 风景园林（4）：50-56.

王恺，章孙逊，张守红，2022. 基于Hydrus-1D不同气候区城市绿色屋顶径流调控效益研究 [J]. 环境科学学报，43（3）：195-205.

王蓝，2021. 基于社会网络分析的社区共建花园参与机制研究 [D]. 广州：华南理工大学.

王雷，张少松，梁景坤，等，2023. 基于SWMM模型的绿色屋顶雨洪控制与效益分析 [J]. 水电能源科学，41（2）：65-69.

王敏，彭唤雨，汪洁琼，等，2017. 因势而为：基于自然过程的小型海岛景观韧性构建与动态设计策略 [J]. 风景园林（11）：73-79.

王如松，欧阳志云，2012. 社会—经济—自然复合生态系统与可持续发展 [J]. 中国科学院院刊，27（3）：337-345，403-404，254.

王鑫鳌，2003. 论城市基础设施的特点和作用 [J]. 城市开发，9：32-35.

王云才，申佳可，象伟宁，2017. 基于生态系统服务的景观空间绩效评价体系 [J]. 风景园林，1：35-44.

王云才，2018. 基于空间生态特性的景观图式语言研究方法与方法论 [J]. 风景园林，25（1）：28-32.

魏俊，赵梦飞，刘伟荣，等，2019. 我国尾水型人工湿地发展现状［J］. 中国给水排水，35（2）：29-33.

魏巍，白杨，王忠杰，等，2021. 海绵城市理念在风景园林规划中的实践——以西咸新区沣河景观规划为例［J］. 中国园林，37（S1）：28-33.

温全平，2009. 论城市绿色开敞空间规划的范式演变［J］. 中国园林，25（9）：11-14.

文思敏，许申来，曾思育，等，2020. 海绵城市LID设施系统建设的生态效益评价研究［J］. 给水排水，56（S1）：251-255.

翁清鹏，张慧，包洪新，等，2015. 南京市通风廊道研究［J］. 科学技术与工程，15（11）：89-94.

吴良镛，1997. "人居二"与人居环境科学［J］. 城市规划（03）4-9.

吴良镛，2001. 人居环境科学导论［M］. 北京：中国建筑工业出版社.

吴庆洲，李炎，吴运江，等，2013. 中国古城排涝减灾经验及启示［C］. 2013城市防洪国际论坛论文专集：7-13.

吴岩，王忠杰，束晨阳，等，2018. "公园城市"的理念内涵和实践路径研究［J］. 中国园林，34（10）：30-33.

吴友炉，李宜斌，谭广文，等，2021. 广州下沉式绿地草本植物应用综合评价［J］. 中国园林，37（1）：122-126.

吴志城，钱晨佳，2009. 城市规划研究中的范式理论探讨［J］. 城市规划学刊（5）：28-35.

谢久凤，秦章元，张寒蕾，等，2021. 14种观赏植物叶片和花瓣挥发性物质抑菌效果分析［J］. 江苏农业科学，49（12）：100-104.

谢明坤，董增川，成玉宁，2023. 基于数字景观的海绵城市研究框架、关键技术与实践案例：从水文分析到智能测控［J］. 中国园林，39（05）：48-54.

修春亮，魏冶，王绮，2018. 基于"规模—密度—形态"的大连市城市韧性评估［J］. 地理学报，73（12）：2315-2328.

徐耀阳，李刚，崔胜辉，等，2018. 韧性科学的回顾与展望：从生态理论到城市实践［J］. 生态学报，38（15）：5297-5304.

闫倩，徐立帅，段永红，等，2021. 20种常用绿化树种叶面滞尘能力及滞尘粒度特征［J］. 生态学杂志，40（10）：3259-3267.

颜文涛，黄欣，王云才，2019. 绿色基础设施的洪水调节服务供需测度研究进展［J］. 生态学报，39（4），1165-1177.

杨波，孙晓峰，刘昱，等，2023. 2022年海岸带生态修复科技热点回眸［J］. 科技导报，41（1）：249-260.

杨崇曜,周妍,陈妍,等,2020. 基于NbS的山水林田湖草生态保护修复实践探索 [J]. 地学前缘,28(4):25-34.

杨春,谭少华,高银宝,等,2022. 基于荟萃分析的城市绿地居民健康效应研究 [J]. 城市规划,47(06):89-109.

杨灏,2018. "城市双修"视角下矿业废弃地再生规划研究 [D]. 北京:中国矿业大学.

杨敬师,2020. 乡村振兴战略视角下生态旅游发展研究——以重庆市城口县为例 [J]. 农业与技术,40(20):170-172.

杨永兴,2002. 国际湿地科学研究的主要特点、进展与展望[J]. 地理科学进展,2:111-120.

姚崇怀,李德玺,2015. 绿容积率及其确定机制 [J]. 中国园林,31(9):5-11.

殷利华,杭天,徐亚如,2020. 武汉园博园蓝绿空间碳汇绩效研究 [J]. 南方建筑,197(3):41-48.

于冰沁,田舒,车生泉,2013. 从麦克哈格到斯坦尼兹——基于景观生态学的风景园林规划理论与方法的嬗变 [J]. 中国园林,29(4):67-72.

俞佳俐,李健,盛莹,等,2021. 城市绿地对居民身心健康福祉满意度影响研究 [J]. 中国园林,37(7):95-100.

俞孔坚,李迪华,袁弘,等,2015. "海绵城市"理论与实践 [J]. 城市规划,39(6):26-36.

俞孔坚,李迪华,2002. 论反规划与城市生态基础设施建设 [C]. 中国科协2002年学术年会第22分会场论文集. 成都:中国风景园林学会.

俞孔坚,张蕾,2007. 黄泛平原古城镇洪涝经验及其适应性景观 [J]. 城市规划学刊(5):85-91.

俞孔坚,1999. 生物保护的景观生态安全格局 [J]. 生态学报,1:10-17.

张彪,谢紫霞,高吉喜,等,2021. 上海市绿地植被的吸热降温效益评估 [J]. 自然资源学报,36(5):1334-1345.

张健,路文海,宋文婷,等,2021. 我国海岸带生态保护和修复政策研究 [J]. 国土资源情报,4:19-25.

张禄,张大海,郭泽冲,等,2023. 智能算法在海绵城市规划设计领域应用进展 [J]. 给水排水,59(1):132-141.

张馨韵,朱福勇,2013. 城市生产性景观的现状与发展趋势 [J]. 广东农业科学,40(19):225-227.

张玉坤,宫盛男,张睿,2019. 基于生产性景观的城市节地生态补偿策略研究[J]. 中国园林,35(2):81-86.

张云路，李雄，2017. 基于城市绿地系统空间布局优化的城市通风廊道规划探索——以晋中市为例 [J]. 城市发展研究，24（5）：35-41.

章孙逊，张守红，葛德，等，2021. 不同植被绿色屋顶径流水质年际变化特征 [J]. 环境科学，43（6）：3187-3194.

赵松婷，李延明，李新宇，等，2013. 园林植物滞尘规律研究进展 [J]. 北京园林，1：25-30.

赵文武，房学宁，2014. 景观可持续性与景观可持续性科学 [J]. 生态学报，34（10）：2453-2459.

赵银兵，蔡婷婷，孙然好，等，2019. 海绵城市研究进展综述：从水文过程到生态恢复 [J]. 生态学报，39（13）：1-9.

赵莹莹，2020. 公众参与理念下的社区花园营造模式研究 [D]. 杭州：浙江大学.

周伟奇，朱家蓠，2022. 城市内涝与基于自然的解决方案研究综述 [J]. 生态学报，42（13），5137-5151.

周艺南，李保炜，2017. 循水造形——雨洪韧性城市设计研究 [J]. 规划师，33（2），90-97.

朱黎青，彭菲，高翅，2018. 气候变化适应性与韧性城市视角下的滨水绿地设计——以美国哈德逊市南湾公园设计研究为例 [J]. 中国园林，34（4）：41-46.

朱甜甜，于增知，于晗，等，2020. 基于不同土地利用类型下的初期雨水径流污染特征分析与LID措施研究 [J]. 水资源与水工程学报，31（3）：8-14.

祝惠，武海涛，邢晓旭，等，2023. 中国湿地保护修复成效及发展策略 [J]. 中国科学院院刊，38（3）：365-375.

祝培甜，张丽君，2021. 欧盟城市绿色基础设施简述及对我国的启示 [J]. 国土资源情报（10）：34-38.